Carolin Lüdemann | Heiko Lüdemann

Die 111 wichtigsten Fragen im Vorstellungsgespräch

Carolin Lüdemann | Heiko Lüdemann

Die 111 wichtigsten Fragen im Vorstellungsgespräch

Kompetente Antworten, die überzeugen

Unter Mitarbeit von Lydia Wismeth

REDLINE | VERLAG

Bibliografische Information der Deutschen Nationalbibliothek
Die Deutsche Nationalbibliothek verzeichnet diese Publikation in der Deutschen Nationalbi-
bliografie. Detaillierte bibliografische Daten sind im Internet über
http://dnb.d-nb.de abrufbar.

ISBN 978-3-86881-012-7

Redaktion: Leonie Zimmermann, Landsberg am Lech
Lektorat: Monika Schuch, Rosenheim
Umschlaggestaltung: Vierthaler & Braun, München
Umschlagabbildung: Jupiterimages
Satz: Jürgen Echter, Landsberg am Lech
Druck: Konrad Triltsch GmbH, Ochsenfurt

Inhaltsverzeichnis

Anmerkung.   7

Vorwort   9

1 Strategien für ein erfolgreiches Vorstellungsgespräch. . . .   11

90 Prozent aller Fragen sind vorhersehbar.   11

Was wollen Sie erreichen?   13

Spielen Sie, um zu gewinnen?   14

Wie lautet Ihre Botschaft?   15

Warum Sie eine positive und zukunftsorientierte
    Sprache verwenden sollten   17

Wer bekommt am Ende den Job?   19

2 Ihr Auftritt: Wie Sie sich optimal präsentieren.   23

Die härtesten Fragen für den weichsten Typ   25

Kleidung: Weniger ist mehr.   27

Die Bedeutung von Gestik, Mimik und Körpersprache . .   28

Hallo, hier bin ich!   35

Grüßen, begrüßen und sich selbst vorstellen   37

Ein gutes Gesprächsklima erzeugen.   39

3 Ihre Stärken und Schwächen   41

Die Selbstanalyse   42

Wie Sie Ihre Stärken und Erfolge richtig präsentieren . . .   43

Der souveräne Umgang mit Schwächen.   45

4 Die 111 wichtigsten Fragen im Vorstellungsgespräch. . . .   47

Fragen im Warm-up-Gespräch   49

Fragen zu Ihrer Persönlichkeit.   52

Stärken und Schwächen   60

Teamfähigkeit.   66

Arbeitshaltung und Motivation.   71

Freizeitaktivitäten und persönlicher Hintergrund   81
Fragen zu Ihrer Ausbildung.   88
Fragen zu Ihrer Berufserfahrung oder zu Ihrem Werdegang   92
Fragen zum Jobwechsel.   96
Fragen zur jetzigen Tätigkeit.   103
Fragen zur Arbeitslosigkeit   109
Fragen zu Ihren Bewerbungsmotiven   112
Passgenauigkeit zur ausgeschriebenen Stelle   117
Fragen zu Ihren persönlichen und beruflichen Zielen . . .   125
Rund um das Thema Gehalt   128
Souveräner Umgang mit unerlaubten Fragen.   129
Fragen, die Sie selbst stellen sollten   134
Fazit zu den 111 wichtigsten Fragen   142

5 In Erinnerung bleiben: Wer schreibt, der bleibt   145

6 Fehler, die Personaler nicht verzeihen   147

7 Seitenwechsel: Vorstellungsgespräche aus Sicht
   der Unternehmen   151
   Interview mit Dr. Joachim Deinlein von der
       Strategieberatung Booz & Company GmbH   151
   Interview mit Elisabeth Perfahl-Leibfried und Nina Eberlein
       vom Modekonzern HUGO BOSS AG   155

Literaturverzeichnis   161

Stichwortverzeichnis   163

Über die Autoren   165

Anmerkung

Um das Arbeiten mit diesem Buch für Sie möglichst einfach und effizient zu gestalten, haben wir wichtige Textpassagen mit folgenden Icons gekennzeichnet:

 Achtung, wichtig

 Aufgabe, Übung

STOP Das sollten Sie auf jeden Fall vermeiden.

z.B. Beispiel

Tipp Tipp

Vorwort

Letztlich bekommt jeder von uns genau das, was er verdient –
aber nur die Erfolgreichen geben das zu.
Georges Simenon

Liebe Leserin, lieber Leser,
in diesem Buch geht es darum, dass Sie einen Job bekommen. Aber nicht irgendeinen Job, sondern den Job, der zu Ihnen passt.
Wie lauten Ihre ersten Gedanken, wenn ein Job-Interview ansteht? Sind Sie besorgt, freuen Sie sich oder sind Sie nervös? Haben Sie Herzklopfen, eine schlaflose Nacht hinter sich, zittrige, feuchte Hände, einen trockenen Mund und wacklige Knie? Wenn Sie eine oder mehrere dieser Fragen mit Ja beantwortet haben, dann liegt noch einiges vor Ihnen. Aber keine Sorge, Sie sind in guter Gesellschaft.
Denn tatsächlich lauten so oder zumindest so ähnlich die Gedanken vieler Bewerber. Erst zeigen sie ein bewundernswertes Engagement, um zum Vorstellungsgespräch eingeladen zu werden. Sie feilen an der Bewerbungsmappe, studieren nächtelang die Stellenausschreibungen, fassen telefonisch nach, bewachen ihren E-Mail-Account und ihren Postkasten, um keine Anfrage zu verpassen, und dann ist sie plötzlich da: die Einladung zum Bewerbungsgespräch. Und nun bekommen sie es – nach einem ersten Moment der Freude – mächtig mit der Angst zu tun. Doch wovor sollte man Angst haben? Kann man bei einem Job-Interview etwas verlieren oder vielleicht einfach nur gewinnen? Ist das Vorstellungsgespräch ein Risiko oder eine Chance?
Eigentlich, werden Sie sagen, kann man dabei nur gewinnen. Und doch fühlt es sich an, als hätte man etwas zu verlieren. Tatsächlich gibt es etwas zu verspielen: nämlich die Chance auf den (Traum-)

Job. Doch glücklicherweise gibt es ja auch die Option, dass man durch das Vorstellungsgespräch gewinnt: Indem man teilnehmende, interessierte Fragen stellt, intelligente Antworten gibt und das Job-Interview mit Selbstbewusstsein meistert. Doch so verfahren die meisten Kandidaten nicht. Stattdessen sind sie unvorbereitet und überfordert mit manch kritischer Frage und versäumen es, selbst wichtige Fragen zu Job und Unternehmen zu stellen. Obwohl sie gut qualifiziert sind, begehen sie elementare Fehler, die sie aus dem Rennen werfen. Sie schaffen es einfach nicht, ihre Botschaften zu vermitteln und sich als passgenauen Kandidaten zu präsentieren.

Wechselt man nur ein klein wenig die Sichtweise, fällt es einem schon sehr viel leichter, die Nervosität in den Griff zu bekommen und seine Chancen zu nutzen: Sie sind als Bewerber keineswegs ein unterwürfiger Bittsteller. Sie flehen den Personalexperten auf keinen Fall nach dem Motto »Bitte, bitte gib mir den Job« an. Sie gehen in ein Job-Interview als gleichwertiger Gesprächspartner. Ihre Aufgabe ist zum einen, die Grundvoraussetzungen zu schaffen, dass man Ihnen den Job anbietet. Und zum zweiten müssen Sie möglichst viele Informationen in Erfahrung bringen. Denn letztendlich ist es Ihre Entscheidung: Ist alles so, wie Sie es sich vorgestellt haben? Passen Sie in das neue Umfeld hinein? Wollen Sie diesen Job haben?

Wie auch immer Sie sich vorbereiten: Lernen Sie niemals Standardantworten auf Interviewfragen auswendig. Wenn Sie das tun, hinterlassen Sie keinen authentischen, ehrlichen und integren Eindruck und Sie laufen auch noch Gefahr, das auswendig Gelernte zu vergessen. Ihr Gespräch ist zu Ende, bevor es richtig angefangen hat. Wir werden Ihnen auf den folgenden Seiten zeigen, wie Sie Unsicherheiten abbauen und sich stattdessen selbstbewusst in Szene setzen, Ihre Gesprächspartner von sich beeindrucken und individuelle Fragen stellen. Dabei gutes Gelingen und viel Erfolg!

Carolin und Heiko Lüdemann

1 Strategien für ein erfolgreiches Vorstellungsgespräch

Alle Wahrheiten sind leicht zu verstehen,
wenn man sie erst einmal entdeckt hat;
das Entscheidende ist, sie zu entdecken.
Galileo Galilei

90 Prozent aller Fragen sind vorhersehbar

Mehr als 90 Prozent aller Fragen, die in einem Vorstellungsgespräch gestellt werden, sind vorhersehbar und somit kalkulierbar. Als Bewerber können Sie sich also sehr gut auf diese Fragen vorbereiten. Einer der Klassiker in Bewerbungsgesprächen ist die Frage nach den Stärken und Schwächen. Auch wenn diese Frage manchmal in einem anderen Kleid daherkommt, gestellt wird sie eigentlich immer. Und obwohl jeder halbwegs gut vorbereitete Bewerber weiß, dass diese Frage auf den Verhandlungstisch kommen wird, sind die Antworten und das gezeigte Verhalten in vielen Fällen enttäuschend. Mehr noch: Oft ist es so, dass sich die Bewerber mit ihren Antworten in eine Position hineinmanövrieren, aus der sie nur schwer oder gar nicht herausfinden. In der Folge wirken sie dann verunsichert, empfinden Stress und schaffen es einfach nicht mehr, sich von ihrer besten Seite zu präsentieren.
Dabei kommt es nicht darauf an, Antworten auf diese 90 Prozent der vorhersehbaren Fragen vorformuliert auswendig zu lernen. Ganz im Gegenteil: Lernen Sie Standardantworten auswendig, verstoßen Sie gegen ganz elementare Gesetze eines erfolgreichen Vorstellungsgesprächs:

1. Sie sind nicht authentisch.
2. Sie geben dem Personalexperten keine Gelegenheit, Sie wirklich kennenzulernen und Sie als Persönlichkeit zu erfassen.
3. Sie sind nicht ehrlich, weil Sie nicht über sich berichten, sondern nur gut klingende und vorformulierte Antworten zum Besten geben.
4. Sie laufen Gefahr, sprachlos zu werden, weil man auswendig Gelerntes in der Aufregung auch mal vergessen kann.

Keine Standard-antworten!

Sie sehen also: Die beste Garantie, sich aus dem Rennen zu werfen, ist das Auswendiglernen von Standardantworten. Stattdessen wollen wir Ihnen auf den folgenden Seiten Mut machen, sich über die Hintergründe der vorhersehbaren Fragen Gedanken zu machen und sich vor allem zu überlegen, welche Botschaft Sie unbedingt an den Mann oder an die Frau bringen wollen. Was möchten Sie über sich sagen? Welche Pluspunkte haben Sie vorzuweisen, die der andere in jedem Fall von Ihnen erfahren muss? Wenn Sie ein bestimmtes Ziel vor Augen haben, gibt es verschiedene Wege, wie Sie als Bewerber zu dieser Kernaussage gelangen können.

Einen erfolgreichen Torjäger zeichnet aus, dass er immer genau weiß, wie er am besten zum Abschuss kommt. Er trainiert, in den entscheidenden Situationen zuzuschlagen und den Erfolg zu suchen, aber er lernt die Laufwege nicht auswendig, sondern findet instinktiv den richtigen Weg. Für Sie bedeutet das, dass Sie sich intensiv mit den möglichen Fragekategorien befassen und sich selbst immer wieder darüber klar werden müssen, wie Sie in der jeweiligen Situation Ihre Kernaussagen platzieren können. Der Weg zu Ihrer Kernaussage ergibt sich dann jedoch ganz individuell im Spiel oder besser gesagt: im Vorstellungsgespräch.

Was wollen Sie erreichen?

 Einmal hatten die Tiere entschieden, sie müssten etwas Heldenhaftes tun, um den Problemen »einer neuen Welt« zu begegnen. Also gründeten sie eine Schule. Sie wählten einen Lehrplan der Aktivitäten, der aus Laufen, Klettern, Schwimmen und Fliegen bestand. Um es einfacher zu machen, den Lehrplan zu verwalten, wählten alle Tiere jedes Fach. Die Ente war ausgezeichnet im Schwimmen, tatsächlich sogar besser als ihr Lehrer, aber sie konnte beim Fliegen nur gerade eben bestehen und war sehr schlecht im Laufen. Da sie beim Laufen langsam war, musste sie Nachhilfestunden nehmen und auch Schwimmen ausfallen lassen, um das Laufen zu üben. Dies wurde beibehalten, bis ihre Schwimmfüße arg mitgenommen waren und sie im Schwimmen nur noch durchschnittlich war. Aber Durchschnitt war akzeptabel in der Schule, also machte sich niemand darüber Sorgen – außer der Ente. Das Kaninchen begann als Klassenbester im Laufen, hatte aber einen Nervenzusammenbruch wegen der vielen Trainingsstunden, um im Schwimmen aufzuholen. Das Eichhörnchen war ausgezeichnet im Klettern, bis es in der Flugklasse frustriert wurde, weil sein Lehrer es vom Boden aufwärts starten ließ anstatt vom Baumwipfel abwärts. Es bekam auch einen Muskelkater von der Überanstrengung und daher ein C im Klettern und ein D im Laufen. Der Adler war ein Problemkind und wurde streng bestraft. In der Kletterklasse schlug er alle anderen bis zum Wipfel des Baumes, bestand aber darauf, auf seine eigene Art dort hinzukommen. Weil er sich nicht anpassen wollte, warf man ihn zu guter Letzt aus der Schule. (George H. Reavis)

Wer bin ich?

Sie sind am effektivsten, wenn Sie sich auf das konzentrieren, was Ihren Begabungen am meisten entspricht. Dann werden Sie die meisten Erfolgserlebnisse verzeichnen und sich von ganz allein motivieren. Es ist durchaus verständlich, wenn wir unsere Schwächen ausmerzen wollen, denn wer gibt schon gern zu, dass er Schwächen hat. Aber wirklich sinnvoll ist es nicht. Konzentrieren Sie sich auf Ihre Talente und Begabungen, bauen Sie diese kontinuierlich zu Stärken aus und achten Sie darauf, dass Ihnen Ihre Schwächen nicht zum Verhängnis werden. Ihre Stärken sind es, weswegen man Sie einstellen möchte. Wenn es Ihnen gelingt,

Ihre Stärken, Vorlieben, Prioritäten und Pflichten bestmöglich miteinander in Einklang zu bringen, und gleichzeitig aufzeigen, dass Sie Ihre Schwächen im Griff haben, dann werden Sie ganz automatisch erfolgreich sein.

Spielen Sie, um zu gewinnen?

Wir alle verstehen Kinder, die sich vor dem Dunkeln fürchten; die wirkliche Tragödie im Leben ist, wenn sich Erwachsene vor dem Licht fürchten.
Plato

Ihre innere Einstellung zum Erfolg

Viele Menschen haben ein negatives Verhältnis zu dem Wort »Erfolg«. Erfolg ist für sie gleichbedeutend mit Rücksichtslosigkeit, Angeberei, Plackerei, Geldmacherei oder gar einer schlechten Gesundheit. Erfolg ist für sie etwas, das man auf Kosten anderer macht, das nicht jedem zusteht, nur etwas für »die anderen« ist. Meist ist das uns nicht einmal bewusst, wenn wir eine grundsätzlich negative Einstellung zum Thema »Erfolg« mit uns herumtragen. Solche Glaubenssätze werden oft schon früh in der Kindheit verinnerlicht. Dabei ist »Erfolg haben« für Kinder, wie auch natürlich für Erwachsene, ein tolles Gefühl und eine Bestätigung ihrer selbst: Man ist stolz, etwas geschafft zu haben, und weiß das nächste Mal umso besser, wofür sich die Anstrengung lohnt. Man sagt zwar, der Weg sei das Ziel. Und tatsächlich lernt man »unterwegs« jede Menge hinzu – über sich selbst, die eigenen Verhaltensmuster und Eigenarten, man erfährt Neues über andere und erwirbt auch Fachwissen. Dennoch: Es ist einfach schön, auf den zurückgelegten Weg zurückzublicken und auf das erreichte Ziel, den Erfolg, stolz zu sein. Erfolge können dabei vielfältiger Natur sein: Eine Diät durchzuhalten und fünf Kilo abzunehmen ist ein Erfolg, eine fremde Sprache zu erlernen, sodass man sich im Urlaub mit den Einheimischen unterhalten kann, oder ein Fachbuch bis zur letzten Seite zu studieren.

Erfolg ist letztendlich eine Folge von Lebensgrundsätzen, Zielfor-
mulierungen und deren Umsetzung. Erfolg ist also eine Folge von
Denken und Tun. Wir meinen deshalb: Erfolgreich sein bedeutet:

- ❏ bereit zu sein für neue Aufgaben
- ❏ die Entfaltung seiner Persönlichkeit voranzutreiben
- ❏ wertvolle Ziele zu haben und die Initiative zu ergreifen
- ❏ Menschen zu motivieren
- ❏ mit einer positiven Ausstrahlung und Einstellung durch das
  Leben zu gehen
- ❏ richtig mit seiner Zeit umgehen zu können
- ❏ den Sinn des Lebens zu suchen und zu finden

Wie lautet Ihre Botschaft?

An diese Grundsätze glauben wir auch bei der Frage nach dem
»Erfolg im Vorstellungsgespräch«: Natürlich können Sie Antworten auf jede Fragestellung des Bewerbungsverfahrens auswendig
lernen und diese dann im Gespräch zum Besten geben. Wir können
davor jedoch nur warnen: Nehmen Sie nicht die Ratgeber zur
Hand, um die darin enthaltenen Standardantworten »eins zu eins«
zu verinnerlichen. Ein Vorstellungsgespräch ist dafür gedacht, dass
Sie das Unternehmen (und umgekehrt) möglichst genau kennenlernen, um dann die Entscheidung zu treffen, ob das Unternehmen zu
Ihnen passt (und umgekehrt). Wenn Sie jedoch stets nur Standardantworten präsentieren, die nichts über Sie aussagen, dann verliert
ein Personaler zu Recht das Interesse an Ihnen. Wir wissen, dass es
ganz schön schwierig ist, auf die zum Teil kompliziert anmutenden
Fragen überzeugende Antworten zu geben. Der erste Schritt dahin
ist jedoch, dass Sie tatsächlich über sich selbst sprechen und
»echte« Antworten geben. Dabei ist es unmöglich und unnötig, auf   »Echte« Antworten
jede Frage eine vorgefertigte Antwort parat zu haben. Sie müssen
sich allerdings über bestimmte Ziele, Ihren Werdegang und Ihre
Stärken und Schwächen im Klaren sein. In der Folge werden Sie

Ihre daraus resultierenden Mosaiksteinchen immer so drehen und wenden können, dass sie auf die unterschiedlich formulierten Fragestellungen passen und ein stimmiges Gesamtbild ergeben. Zu diesen grundsätzlichen Fragen gehören:

❑   Woher komme ich?
❑   Wie lauten die Grundsätze meines Lebens?
❑   Warum habe ich welche Entscheidung getroffen?
❑   Welche meiner Fähigkeiten möchte ich in diesem speziellen Job nutzen?
❑   Was suche ich?

Was will ich vermitteln?

Überlegen Sie sich, was Sie vermitteln wollen. Welche Dinge wollen Sie unbedingt ansprechen? Was wollen Sie auf jeden Fall mitteilen? Wie lautet Ihre Botschaft? Wenn Sie Antworten auf diese Fragen parat haben, tun Sie sich mit Ihrer Selbstpräsentation sehr viel leichter. Weitere Hilfestellung, wie man überzeugende Botschaften formuliert, finden Sie auf den folgenden Seiten. Sie werden feststellen, dass sich dort sehr viele Übungen finden, die Ihnen helfen werden, Ihre Botschaften zu entdecken und auf den Punkt zu bringen.

Ihre jetzige Situation ist eine Folge aller Entscheidungen und Aktivitäten, die Sie bisher unternommen oder unterlassen haben. Fragen Sie sich also: Welche Meilensteine gab es bisher in meinem Leben und was habe ich daraus gelernt? Lernen Sie, Misserfolge zu verstehen, sie sind persönlichkeitsprägend und beinhalten den größten Lerneffekt. Eine der wichtigsten Fragen, die Sie sich immer wieder stellen sollten, lautet: Welche Dinge machen (wenn ich sie richtig angehe und konsequent verfolge) den Unterschied aus?

Warum Sie eine positive und zukunftsorientierte Sprache verwenden sollten

»Am Anfang war das Wort«, heißt es in der Bibel. Regelmäßig entbrennt ein Streit darüber, ob es nicht richtigerweise heißen müsste »Am Anfang war die Idee«. Und man wird es kaum wagen, Goethe oder Faust die Richtigkeit auch dieser These abzusprechen. Aber wenn eine Idee im Kopf Gestalt annimmt, kann sie erst durch Worte anderen vermittelt werden.

»Kein Mensch ist zu nichts nutze. Im schlimmsten Fall kann er noch als abschreckendes Beispiel dienen«, bemerkte bereits George Bernard Shaw ironisch. Daraus könnte man die zugespitzte These ziehen: Jeder Mensch ist definitiv zu etwas oder in etwas gut. Die Frage hierbei lautet, ob Sie das sich selbst gegenüber bestätigen oder ob Sie sich demontieren, indem Sie in einem inneren Dialog Gedanken äußern, die sich zum Beispiel folgendermaßen anhören:

- ❑ Was die wohl über mich denken?
- ❑ Das kann ich nicht.
- ❑ Dafür bin ich nicht gebildet/intelligent genug.
- ❑ Das ist zu schwer für mich.
- ❑ Irgendwie bekomme ich nichts richtig auf die Reihe.
- ❑ Ich kann nichts wirklich gut.

Keine negativen Glaubenssätze!

To do   Wie lauten Ihre persönlichen negativen Selbstgespräche? Notieren Sie diese, damit Sie in Zukunft Selbstzweifeln rascher auf die Schliche kommen:

_____

_____

_____

In unseren Coachings erfahren wir immer wieder, dass viele Teilnehmer eine tendenziell negative Sprache verwenden. Sie sagen

»Da ist nichts schief gegangen« anstatt »Das hat prima geklappt.« Sie antworten im Vorstellungsgespräch auf die Frage »Wie gehen Sie mit Termindruck um?« mit den Worten: »Ich versuche, ruhig zu bleiben ...« Wir finden, das ist keine besonders überzeugende Antwort. Wer *versucht*, ruhig zu bleiben, weiß anscheinend nicht so genau, ob ihm das tatsächlich gelingt. Doch wie wollen Sie andere von sich überzeugen, wenn Sie nicht selbst von sich und Ihren Fähigkeiten überzeugt sind? Warum soll der Personaler an Sie glauben, wenn Sie es selbst nicht tun?

Eine positive Sprache beginnt mit einem positiven inneren Dialog. Wenn Sie die oben genannten negativen Sätze in positive umwandeln, dann könnten diese folgendermaßen lauten:

Wandeln Sie negative in positive Sätze um

- ❏ Was die wohl über mich denken? ⇒ Ich lebe für mich und nicht für die anderen!
- ❏ Das kann ich nicht. ⇒ Na klar kann ich das. Wartet mal ab!
- ❏ Dafür bin ich nicht gebildet/intelligent genug. ⇒ Ich bin doch clever, da wird mir schon etwas einfallen!
- ❏ Das ist zu schwer für mich. ⇒ Jeder Anfang ist schwer. Man muss es nur tun!
- ❏ Irgendwie bekomme ich nichts richtig auf die Reihe. ⇒ Fehler passieren. Hauptsache nicht zweimal.
- ❏ Ich kann nichts wirklich gut. ⇒ Man muss nicht alles können. Dafür habe ich in anderen Bereichen meine Stärken. Darauf sollte ich mich konzentrieren!

Nun liegt es an Ihnen, Ihre oben notierten negativen Selbstgespräche in positive und motivierende Sätze umzuformen. Greifen Sie zum Stift und legen Sie los:

To do
_____
_____
_____

Wer bekommt am Ende den Job?

»Den erfolgreichen Menschen erkennt man auf den ersten Blick. **Die Philosophie** Man sieht, dass etwas in ihm steckt, und man spürt, dass er eine **des Erfolgs** schöpferische Kraft in sich trägt. Er hat einen offenen Blick, schon nach den ersten Worten bemerkt man, dass man ihm gute Leistungen zutrauen kann. Der erfolgreiche Mensch gehört zu den Menschen, die früher oder später mit beständiger Sicherheit an die Spitze kommen. Ein bestimmter Geist zeichnet ihn aus. Es ist der Geist der Initiative, des Mutes und der Arbeitsfreude. Der erfolgreiche Mensch hat eine nur ihm zukommende Lebensanschauung. Er glaubt nicht an Intrigen und Lügen. Er glaubt nicht an den Zufall. Er wartet nicht auf bessere Zeiten. Er weiß, das alles sind nur Ausreden. Dagegen glaubt der Tüchtige an die Wirksamkeit seiner Leistung. Er glaubt daran, dass er sich selbst anstrengen muss. Er vertraut der Fähigkeit, auch Durststrecken durchstehen zu können. Er glaubt vor allem an die treibende Kraft, die von großen Zielen ausgeht.« (Vgl. Nikolaus Enkelmann, Die Sprache des Erfolgs.)

Den Job bekommt nicht zwingend der »nach Aktenlage« beste Kandidat beziehungsweise der Bewerber mit den besten Noten. Den Job bekommt derjenige, der sich im Interview am besten präsentiert. Denn dass alle Kandidaten im Vorstellungsgespräch über die unerlässlichen Qualifikationen verfügen, davon gehen wir aus. Sonst wären sie erst gar nicht zum Job-Interview eingeladen worden. Ob Sie Ihren Wunschjob bekommen oder nicht, hängt also im Wesentlichen von zwei Faktoren ab: Zum einen, ob Sie über die erforderliche Qualifikation verfügen, und zum andern, ob es Ihnen gelingt, die Personalverantwortlichen von Ihrer Persönlichkeit zu überzeugen. Die Fähigkeit, andere Menschen für sich zu gewinnen, ist die wichtigste aller Fähigkeiten überhaupt. Nur wenn Sie andere Menschen davon überzeugen, dass Sie Ihnen einen Vorteil bieten können, werden sie sich für Sie entscheiden.

Das ist gar nicht so schwer, wie es auf den ersten Blick erscheinen mag. Grundsätzlich lassen sich Menschen gern gewinnen und sind durchaus bereit, neue Beziehungen einzugehen, wenn sie aufrichtiges Interesse empfinden, Gemeinsamkeiten entdecken und spüren, dass sie Ihnen vertrauen können. Zeigen Sie Motivation, Leistungsbereitschaft, Fachwissen und auch angenehme Umgangsformen, dann fällt es Ihnen umso leichter, Sympathien zu gewinnen.

Denken Sie immer daran: Sie sind ein interessanter und qualifizierter Bewerber. Wäre dem nicht so, hätte man Sie sicherlich nicht zu einem Gespräch eingeladen. Nur wer von sich selbst überzeugt ist, kann andere für sich gewinnen. Bedenken Sie aber auch, dass überzogen zur Schau gestelltes Selbstbewusstsein als Arroganz empfunden wird und keinen sympathischen Eindruck hinterlässt. Sie müssen das richtige Maß finden. Sie werden nicht jeden Job bekommen, um den Sie sich bewerben, aber Sie müssen immer von sich selbst überzeugt sein und daran glauben, dass Sie es schaffen können.

Vier Ebenen, auf denen Sie überzeugen müssen

Untersuchungen zufolge beurteilt der Personaler anhand seiner Beobachtungen auf vier Ebenen, ob Sie der »richtige« Kandidat sind (vgl. Heinz Schuler, *Das Einstellungsinterview*, Seite 95):

1. Verhaltens- und Ausdrucksebene
   Dazu gehören: Blickkontakt, Auftreten, Tempo, Lächeln, Antwortqualität, Bewerbungsgründe, Lautstärke, Erfahrungsbeispiele, Zielsetzungen, leistungsbezogene und freimütige Äußerungen, stellt Fragen, Kritik an Vorgesetzten, gute Einfälle, Größe, Schmuck, Jargon, Dialekt, Händedruck, zögernd, unpünktlich, unterbricht, stottert, bestimmt, gesprächig, angespannt, plaudert
2. Anforderungsebene
   Dazu gehören: Loyalität, Ausbildung, Gesundheit, Körperkraft, Gewandtheit, strategisches Denken, Teamgeist, Werthaltung, Arbeitstempo, Organisiertheit, Fachkenntnisse, Motivation, Interessen, Kundenorientierung

3. Globalebene
   Dazu gehören: Extraversion (z. B. Aktivität, Kontaktfähigkeit),
   Stabilität (z. B. Gelassenheit, Frustrationstoleranz), Gewissen-
   haftigkeit (z. B. Leistungsstreben, Pflichtbewusstsein), Verträg-
   lichkeit (z. B. Entgegenkommen, Bescheidenheit), Intellekt (z. B.
   Fantasie, Toleranz)
4. Bewertungsebene
   Positiv: Sympathie
   Negativ: Antipathie

Je besser Sie auf den jeweiligen Ebenen abschneiden, umso weniger
Fangfragen fordern Sie heraus und umso besser sind die Chancen
auf den neuen Job.

Zu berücksichtigen ist in allen Interviews, dass die Person des **Wichtig: Mit wem**
Interviewers entscheidenden Einfluss auf den Verlauf des Ge- **sprechen Sie?**
sprächs hat. Klar ist, dass ein stolzer Unternehmensgründer ein
Gespräch anders führt als ein routinierter Personalfachmann. Und
der Fachbereichsleiter stellt wiederum andere Fragen als der
Geschäftsführer, der alle Fäden in der Hand hält. Gleichgültig,
welche Menschen Ihnen gegenübersitzen: Bei allen Fragen hilft
Ihnen eine gute Vorbereitung, perfekt durchs Gespräch zu kommen und Stolpersteine elegant zu umgehen.

2 Ihr Auftritt: Wie Sie sich optimal präsentieren

Kennen Sie das Sprichwort »Für den ersten Eindruck gibt es keine zweite Chance«? Halten Sie die Aussage für zutreffend? Stellen wir diese Frage unseren Seminarteilnehmern, so lautet die Antwort regelmäßig und zutreffenderweise Nein. Die Teilnehmer vertreten richtigerweise die Auffassung, dass es sehr wohl eine zweite Chance für den ersten Eindruck gibt. Einigkeit besteht jedoch darin, dass es sehr viel schwieriger ist, eine unzutreffende schlechte erste Einschätzung wettzumachen, als gleich im ersten Eindruck erfolgreich zu punkten.

Der erste Eindruck entsteht nach der Meinung von Experten innerhalb kürzester Zeit: Man nimmt an, dass es lediglich drei Sekunden dauert, bis man eine erste Einschätzung seines Gegenübers vorgenommen hat. Um einen ersten Eindruck zu revidieren, benötigt es dagegen sehr viel mehr Zeit: Sie müssen mindestens 30 Minuten in der Gesellschaft Ihres Gesprächspartners verbringen, um ihn »vom Gegenteil« zu überzeugen. Doch nicht immer haben Sie tatsächlich eine halbe Stunde Zeit, Ihren Gesprächspartner umzustimmen. Es kann vorkommen, dass er sich schon früher aus dem Gespräch verabschiedet, da er sich ja bereits »ein Bild« gemacht hat. Es ist also sehr viel besser, den ersten Eindruck bewusst zu gestalten: Seien Sie sich darüber im Klaren, dass die ersten drei Sekunden den weiteren Gesprächsverlauf bestimmen werden!

Die ersten drei Sekunden entscheiden

Personaler gehen auf Nummer sicher. Sie entscheiden sich für den Bewerber, der so weit wie möglich dem Wunschkandidaten entspricht. Wenn Sie zwar gute Noten und Fachkenntnisse aufweisen können, aber einen unpassenden ersten Eindruck machen, indem Sie sich zum Beispiel nachlässig kleiden, dann werfen Sie sich aus dem Rennen. Sie müssen sich in allen Bereichen optimal präsentieren, um sich die besten Chancen zu sichern: Dazu gehört neben der Fachkenntnis auch ein tadelloses Auftreten.

Wie präsentiert man sich optimal?

Umso wichtiger ist es, zu wissen, welche Faktoren genau das Bild beeinflussen, das man sich von Ihnen macht. Was können Sie tun, um möglichst gut »rüberzukommen«? Das Problem ist, dass es innerhalb von nur drei Sekunden kaum möglich ist, etwas besonders Geistreiches über die Lippen zu bringen und durch Worte zu überzeugen. Das bedeutet, dass den nonverbalen Signalen umso mehr Bedeutung zukommt.

Der erste Eindruck setzt sich zusammen:

❑ zu 55 Prozent aus nonverbalen Signalen wie Körpersprache, Duft, Kleidung und Distanzverhalten
❑ zu 38 Prozent aus der Stimme, also Tonfall, Lautstärke, Tonlage
❑ zu 7 Prozent aus dem gesprochenen Wort wie Wortwahl und Dialekt

Selbstbild – Fremdbild

Manch ein Bewerber gibt zu bedenken, dass man ihn doch bitte so nehmen solle, wie er ist. »Wem nicht gefällt, wie ich auftrete, der hat eben Pech gehabt und mich nicht verdient«, lautet der entsprechende O-Ton. Doch wenn nach zahlreichen Vorstellungsgesprächen immer noch niemand die betreffende Person »verdient« hat, beginnt erfahrungsgemäß auch der Widerspenstigste, an seinem Auftreten zu feilen, und das Sprichwort »Aus Erfahrung wird man klug« beweist seine Richtigkeit.

Was sind nonverbale Signale?

Zu den nonverbalen Signalen gehören die Gestik, die Mimik und die Körpersprache. Daneben spielt beim gelungenen ersten Eindruck die Kleidung selbstverständlich eine ebenso elementare Rolle. Versetzen Sie sich in die Lage eines Personalers: Wie soll nach Ihrer Meinung der optimale Bewerber aussehen? Überlegen Sie sich, welcher Dresscode im Unternehmen herrscht. Welche Anforderungen sind mit der ausgeschriebenen Stelle verbunden? Wird der gesuchte Mitarbeiter viel Kundenkontakt haben? Je mehr Kundenkontakt, umso höhere Ansprüche werden an die Kleidung und das Auftreten des Bewerbers gestellt. Ein entsprechendes Outfit ist Sinnbild für Seriosität, Zuverlässigkeit, Loyalität und Beständigkeit. Umgekehrt gilt das leider auch: Ein nachlässiges Erscheinungsbild lässt den Rückschluss zu, dass der Bewerber womöglich nicht zuverlässig ist.

 Kleiden Sie sich für den Job, den Sie haben möchten. Sie kleiden sich im Vorstellungsgespräch also nicht für den Job, den Sie jetzt bereits haben.

Die härtesten Fragen für den weichsten Typ

Viele Personaler sind fest davon überzeugt, ihre Entscheidung stets unabhängig vom Geschlecht des Kandidaten zu treffen. Unbewusst werden ihre Erwartungen an Bewerber aber trotzdem von deren äußeren Merkmalen gesteuert.

Die Diplomsoziologin Anke von Rennenkampff hat im Rahmen ihrer Promotion zum Thema »Bewerbungsfotos« zum Beispiel herausgefunden, dass bei der Arbeitssuche nicht nur das Können zählt, sondern ein gewisses Aussehen die Chancen maßgeblich erhöht. Von Rennenkampff kommt zu dem Ergebnis, dass »Männlichkeit Trumpf ist«, sogar bei Frauen. Weibliche Reize sind demnach auf Bewerbungsfotos, im Vorstellungsgespräch und in allen anderen Bewerbungssituationen fehl am Platz. Wer als Frau mit entsprechend dezentem Make-up, zusammengebundenen Haaren und einem Hosenanzug erscheint, kann damit deutlich besser

Männlichkeit ist Trumpf

punkten als mit roten Fingernägeln und einem knappen Minirock. »Bei Sekretärinnenjobs mag das tiefe Dekolletee den einen oder anderen Personaler noch beeindrucken, bei Führungspositionen aber kaum«, so Anke von Rennenkampff. (Anke von Rennenkampff: »Die Gunst des kantigen Kinns«, Spiegel Online, 21.08.2001)

In einem weiteren Versuch telefonierten studentische »Personaler« mit angeblichen Bewerberinnen. Dabei konnten sie sechs von 18 vorformulierten Fragen auswählen. Je weiblicher die Kandidatin auf dem Bewerbungsfoto wirkte, desto härter wurde auch das Kreuzverhör. Während die Frau mit spitzem Kinn und zurückgekämmtem Haar lange über ihre größten Erfolge sprechen durfte, musste die »femininere« Kandidatin ausführlich über ihre Fehler referieren. Umgekehrt galt das übrigens auch bei männlichen Bewerbern. Wenn ein Mann mit längeren Haaren und vollen Gesichtszügen sich auf einen »harten« Job bewarb, musste er sich eher zahlreiche Fragen zu seiner fachlichen Kompetenz gefallen lassen, während der Bewerber mit kantigem Kinn und Kurzhaarschnitt ausführlich über seine Erfolge berichten durfte. Wird dagegen eine kommunikative, zuhörende, vermittelnde Persönlichkeit gesucht, haben nach von Rennenkampffs Ansicht weiblich aussehende Kandidaten gute Chancen. Davon kann dann auch der Mann mit Pferdeschwanz profitieren ...

Vergessen Sie bitte nicht, dass es im Vorstellungsgespräch nicht nur darum geht, die entsprechenden Fragen »richtig« zu beantworten. Sie vermitteln dem anderen nicht nur durch Ihre Antworten ein Bild von sich. Es geht stets um eine ideale Verbindung aus fachlichem Können, sozialer Kompetenz, überzeugendem Auftreten und Passgenauigkeit zum Unternehmen. Beschäftigen Sie sich »nur« mit den Fragen und Antworten für das Job-Interview, übersehen Sie einen wesentlichen Teil. Die Devise heißt: Schnappen Sie sich den Job – und zwar indem Sie in all diesen Bereichen Souveränität beweisen.

Zeigen Sie Souveränität in allen Bereichen

Kleidung: Weniger ist mehr

Jede Branche, jedes Unternehmen und jede Abteilung hat einen eigenen (oft ungeschriebenen) Dresscode. In einer Agentur für neue Medien herrscht ein anderer Kleidungsstil als in der klassischen Unternehmensberatung. So gesehen hat jede Branche und jedes Unternehmen einen charakteristischen Dresscode, an dem Sie sich orientieren sollten.

Grundsätzlich gilt: Mehr Stoff bedeutet mehr Autorität beziehungsweise weniger Stoff bedeutet weniger Autorität. Somit ist schon einmal klar, dass Damen selbst im Hochsommer nicht zu viel Haut zeigen sollten.

Die Devise »Weniger ist mehr« gilt nur dann, wenn Sie an die Auswahl der Accessoires gehen. Ein Zuviel davon, womöglich kombiniert mit einer bunten Mischung an Materialien, Dessins und Farben, lässt Sie leicht überladen aussehen, es lenkt ab und ist eben nicht stilvoll. Ihre Kleidung und Ihr Styling sind lediglich ein dezenter Rahmen, der Ihnen schmeichelt und Sie kompetent und seriös wirken lässt. Nun beweisen Sie im Gespräch Ihre Fachkompetenz, die soziale Kompetenz und Ihre Passgenauigkeit zum Unternehmen. Ihr Outfit darf daher keinesfalls auffallen oder ablenken. Denn letzten Endes wollen sich alle auf das Gespräch, Ihr Job-Interview, konzentrieren. Daher gilt als erste Stilregel:

Tragen Sie nicht mehr als neun Dinge sichtbar, wobei »Paare« als eine Sache zählen. Sie müssen also nicht den rechten und linken Schuh addieren, sondern zählen »nur« ein Paar Schuhe. Andernfalls würden Sie es vermutlich nicht schaffen, ganz angekleidet das Haus zu verlassen. Um deutlich zu machen, wie die Aufzählung der maximal neun Dinge funktioniert, anbei ein Beispiel:

Nicht mehr als neun Dinge!

1. ein Paar Schuhe
2. ein Paar Strümpfe
3. eine Hose
4. einen Gürtel
5. eine Bluse/ein Hemd

6. einen Blazer
7. einen Ring
8. eine Uhr
9. eine Brille

Kleidungsstücke die nicht sichtbar sind, wie beispielsweise Unter-
wäsche, müssen genauso wenig mitgezählt werden wie ein Mantel,
der ja an der Garderobe abgegeben wird. Übrigens: Herren tragen
als Schmuckstücke nicht mehr als eine Uhr und den Ehering.
Maximal drei Farben und zwei Muster, so lautet die zweite
Stilregel. Achten Sie also darauf, nicht mehr als drei Farben und
zwei Muster miteinander zu kombinieren. Zum Beispiel:
Ein schwarz-weißer Nadelstreifenanzug (1. Farbe: Schwarz; 2. Farbe:
Weiß; 1. Muster: gestreift) und ein roséfarbenes Hemd (3. Farbe:
Rosé) sind nach dieser Stilregel denkbar. Schwierig wird es allerdings,
wenn noch eine Krawatte kombiniert werden muss: Dann kann nur
noch mit Farbwiederholungen gearbeitet werden, weil ansonsten
eine vierte Farbe hinzukommen würde ...

Die Bedeutung von Gestik, Mimik und Körpersprache

Was jemand denkt, merkt man weniger an seinen Ansichten
als an seinem Verhalten.
Isaac Bashevis Singer

Was Ihre Körpersprache verrät

Der Körper spricht immer die Wahrheit

Die Körpersprache hat – neben der Kleidung – entscheidenden
Einfluss auf die Sympathiepunkte, die Sie sammeln, und darauf, ob
der erste Eindruck gelingt. Aber auch darüber hinaus kommt der
Körpersprache in einem Vorstellungsgespräch besondere Bedeutung zu. Der Hauptgrund liegt darin, dass der Körper die Wahrheit
spricht. Auch wenn Sie sich die besten Antworten auf schwierige

Fragen zurechtgelegt haben und gut argumentieren, kann Ihre Körpersprache verraten, dass Sie sich in dem einen oder anderen Punkt nicht sicher sind.

Sehen Sie sich manchmal Krimis im Fernsehen an? Wenn die Ermittler den Verdächtigen verhören, dann unterhalten sie sich mit ihm zunächst über Dinge, die unstrittig sind. Haben Sie sich schon einmal überlegt, warum das gemacht wird? Ist das nicht eigentlich Zeitverschwendung? Nein, ganz und gar nicht. Diese Gespräche dienen dazu, den Verdächtigen besser kennenzulernen und zu beobachten. Und zwar in Situationen, in denen er ganz offensichtlich die Wahrheit spricht. Wenn dann anschließend das eigentliche Verhör beginnt, wird jede Abweichung vom gewohnten körpersprachlichen Verhalten registriert. Und man weiß sehr schnell, wann er lügt und wann nicht. Das fördert zwar noch nicht automatisch die Wahrheit zutage, aber man weiß plötzlich ganz genau, wo man ansetzen und nachhaken muss, um in der Folge den Verdächtigen der Lüge zu überführen und die Wahrheit herauszufinden.

Natürlich gestaltet sich das Frage-und-Antwort-Spiel in einem Vorstellungsgespräch nicht ganz so dramatisch. Und von einem Vorstellungsverhör wollen wir erst recht nicht sprechen. Denn im Vergleich zum polizeilichen Verhör sind Sie als Bewerber ein gleichberechtigter Gesprächspartner, der – genau wie der Personaler – Fragen stellen und Antworten erwarten darf. Doch im Gegensatz zum Personaler sind Sie wahrscheinlich nicht so gut im Thema »Körpersprache« geschult. Das bedeutet auch, dass Sie die Abweichungen vom gewohnten körpersprachlichen Verhalten kaum registrieren werden. Nicht bei sich selbst und auch nicht bei Ihrem Gegenüber.

Vorstellungsgespräch, nicht Vorstellungsverhör!

Anders als im Polizeiverhör werden Sie sich zu Beginn ja nicht über »unstrittige Tatsachen« unterhalten. Stattdessen führen Sie einen Smalltalk. Das Warm-up-Gespräch lockert die Gesprächsatmosphäre – und erlaubt es, sich besser kennenzulernen. Auch in körpersprachlicher Hinsicht.

Welche Rückschlüsse sollen Sie nun daraus für Ihr Vorstellungsgespräch ziehen? Seien Sie sensibel für Ihre eigene Körpersprache.

z.B. Kürzlich haben wir einen Bewerber auf ein Vorstellungsgespräch vorbereitet. Eine unserer Fragen an ihn lautete: »Wie gehen Sie mit Termindruck um?« Der Bewerber antwortete schlüssig, seine Körpersprache veränderte sich jedoch schlagartig. Er drehte sich plötzlich in seinem Stuhl hin und her, sein Blickkontakt riss häufiger ab, er verschränkte die Arme vor dem Körper und schob mit den Füßen etwas Imaginäres unter den Stuhl. Dadurch wurde offensichtlich, dass diese Frage nicht gerade seine Lieblingsfrage war. Ein Personaler ist darin geübt, ein solch abweichendes Verhalten zu erkennen. Die Körpersprache hätte ihm gezeigt, dass es sinnvoll ist, an dieser Stelle etwas genauer nachzuhaken und die an sich überzeugenden Antworten doch zu hinterfragen.

Achten Sie in Zukunft verstärkt auf Ihr nonverbales Verhalten. Zu welcher Gestik neigen Sie, wenn Ihnen etwas missfällt? Was tun Sie, wenn Ihnen eine unangenehme Frage gestellt wird? Körpersprache findet zumeist unbewusst statt und ist genau deshalb so verräterisch. Daher gilt: Reflektieren Sie und lernen Sie Ihr eigenes Verhalten besser kennen und zu steuern.

Der Gang zum Vorstellungsgespräch ist selbstverständlich nicht ganz einfach. Sie fühlen sich in der neuen Umgebung etwas unwohl, sind aufgeregt oder haben großen Respekt vor Ihrem Gesprächspartner. Verständlich wäre es daher, wenn Sie eine schützende Körperhaltung einnehmen. Zum Beispiel indem Sie die Arme vor dem Körper verschränken und so Ihre empfindliche Körpermitte bedecken. Körpersprachlich betrachtet ist das zwar eine verständliche, aber keineswegs eine gute Körperhaltung. Sie wirken umso positiver, je offener Ihre Körperhaltung ist. Das bedeutet: Nicht die Schultern hängen lassen, gerade stehen, gehen und sitzen – und vor allem keine geschlossene Körperhaltung einnehmen, indem Sie die Arme vor dem Körper verschränken. Dieser Klassiker unter den geschlossenen Körperhaltungen wird unter anderem mit Ablehnung, Desinteresse sowie Unsicherheit gleichgesetzt, kann aber auch schlicht und ergreifend bedeuten, dass Ihnen gerade kalt oder sehr gemütlich (im Vorstellungsgespräch eher unwahrscheinlich!) ist. Doch vergessen Sie nicht: Auch wenn die Bedeutung einer geschlossenen Körperhaltung diverse Interpretationen zulässt, so werden Sie damit kaum einen positiven Eindruck erzielen. Es geht darum, die Startbedingungen so günstig wie möglich zu gestalten. Eine geschlossene Körperhaltung gehört eben nicht zu den optimalen Startsignalen. Übrigens: Schon wenn Sie einen Stift vor sich in beiden Händen halten, erfüllen Sie dieses Negativ-Kriterium der nicht ganz offenen und suboptimalen Körperhaltung.

Wem wir in die Augen sehen, dem schenken wir Aufmerksamkeit, **Blickkontakt** Interesse und Aufgeschlossenheit. Suchen Sie daher den Blickkontakt zu Ihrer Umgebung und zu Ihrem jeweiligen Gesprächspartner. Wer sich mit Ihnen unterhält, der blickt beim Sprechen ab und an suchend durch die Gegend. Dieses Verhalten ist darauf zurückzuführen, dass sich der Sprechende an Erlebnisse erinnert und diese vor seinem inneren Auge Revue passieren lässt, während er sie Ihnen erzählt. Oder er stellt sich gerade vor, wie sich das eben skizzierte Projekt zukünftig auswirken wird. Oder er sucht einfach nur nach den passenden Worten. Es ist also völlig normal, wenn ein Erzähler den Blickkontakt immer wieder abreißen lässt. Vom Zuhörer wird dagegen erwartet, dass er den Augenkontakt hält. Sucht Ihr Gegenüber Augenkontakt zu Ihnen und findet ihn nicht, da Sie gerade anderweitig im Raum herumschauen, so wirkt das schnell desinteressiert. Als Zuhörer schenken Sie dem Gesprächspartner ständige Aufmerksamkeit durch konstanten Blickkontakt. Übrigens: Tabu und unangemessen ist, den Blick auf den Körperbereich unterhalb der Schultern zu richten. Frauen heften ihre Blicke tendenziell gern auf Unzulänglichkeiten der anderen; Männer lenken ihre Blicke gern auf die Vorzüge des Gegenübers …

Lächeln ist von bleibendem Wert. Sie machen dadurch einen freund- **Lächeln** lichen und sympathischen Eindruck. Nicht zu lächeln wird nicht nur als Zeichen von Unfreundlichkeit gewertet, sondern gilt auch als Hinweis für Unsicherheit.

Der Händedruck kann Reserviertheit, Nervosität oder Vereinnah- **Händedruck** mung zum Ausdruck bringen. Er sollte fest sein und mit der ganzen Hand erfolgen. Geben Sie Ihrem Gegenüber nicht nur die Finger in die Hand, sondern achten Sie darauf, dass sich Ihre Handflächen berühren. Ihre Hand sollte trocken und warm sein, Studien zufolge wirken Menschen mit einem warmen Händedruck sympathischer als solche, die »Eisfinger« haben. Halten Sie die Hände vor dem Gespräch noch einmal unter warmes Wasser. Tragen Sie im Winter Handschuhe auf dem Weg zum Vorstellungsgespräch oder führen Sie einen kleinen Handwärmer in der Jackentasche (nicht im Blazer, Sakko oder in der Hosentasche!) mit. Der optimale Händedruck dauert drei Sekunden. Die Hände werden dabei gedrückt und nicht groß geschüttelt. Wer darf wem eigentlich die Hand reichen? Des Rätsels Lösung lautet: Der Personaler reicht dem Bewerber die Hand. Gehen Sie also bitte nicht mit ausgestrecktem Arm auf Ihren Gesprächspartner zu. Manche Unternehmensvertreter legen das leider negativ aus.

Wer reicht wem die Hand?

Was Ihre Sitzhaltung verrät

Wie setzen Sie sich vor Ihren Gesprächspartner hin? Sie kennen doch sicher die umgangssprachlichen Redewendungen von »krummen Typen« und »aufrechten Charakteren«. Zeigen Sie, dass Sie ein aufrechter Charakter sind und nehmen Sie eine entsprechende Sitzhaltung ein.

Sitzen Sie mittig auf dem Stuhl. Lehnen Sie sich nicht mit dem Rücken an die Stuhllehne an. Das wirkt zu gemütlich und macht keine gute Körperhaltung. Zwischen Rücken und Stuhllehne sowie zwischen Bauch und Tischkante sollte sinnbildlich »eine Katze« passen.

Wenn Sie die Beine übereinanderschlagen, so dürfen Sie dadurch nicht zu viel Raum in Anspruch nehmen. Wenn Sie die Beine nämlich »groß« übereinander schlagen (wie das die Herren gern tun), dann wandert das Knie schnell über Tischhöhe und Sie zeigen einem eventuellen Nebensitzer Ihre Schuhsohle. Beides ist keine gute Idee. Weibliche Bewerber machen sich dagegen oft zu schmal. Sie legen die Arme eng an den Körper und schlagen die Beine platzsparend übereinander. Wer wenig Raum für sich in Anspruch nimmt, der nimmt jedoch auch wenig Macht für sich in Anspruch. Wo die Herren also manchmal ein Zuviel an den Tag legen, können sich die Damen eine Scheibe von abschneiden.

Kommen Sie niemandem zu nahe

Wir unterscheiden in Deutschland vier verschiedene Distanzzonen. **Vier Distanzzonen** Die intime Distanz beträgt 0 bis 60 Zentimeter. So nah dürfen Sie keinem Ihrer Gesprächspartner kommen, sofern Sie kein Unbehagen bei ihm auslösen wollen. Die optimale Gesprächsdistanz – zum Beispiel im Job-Interview – beträgt eine Armlänge oder einen Meter. Die gesellschaftliche Distanz beträgt mindestens 1,5 Meter und kommt zum Einsatz, wenn man sich unter Fremden bewegt. So zum Beispiel bei der Fahrt mit einem Aufzug. Die öffentliche Distanz liegt bei mindestens vier Metern. So viel Abstand nimmt man zum Beispiel gern zu Passanten auf der Straße ein.

Im Aufzug setzt man sich zwangsläufig über Distanzzonen hinweg, wenn sich mehrere Fahrgäste den engen Raum teilen müssen. Haben Sie in diesem Zusammenhang schon einmal darauf geachtet, wohin die Mitfahrenden ihre Blicke richten? Entweder auf die eigenen Schuhe oder auf die digitale Fahrstuhlanzeige. Wer die Wahl hat, steht ausnahmsweise sehr gern mit dem »Rücken zur Wand« und fühlt sich dabei nicht einmal unwohl. Aufgrund der räumlichen Enge rückt man eben viel dichter mit Fremden zusammen, als einem lieb ist. Daher wird versucht, diesen Umstand so gut wie möglich zu ignorieren (kein Blickkontakt) und sich ein halbwegs sicheres Plätzchen zu suchen (Rücken zur Wand).

 Sie werden sich wohler fühlen, wenn Sie beim Betreten eine bereits anwesende Person grüßen und kurz den Blickkontakt suchen. Das gilt zumindest dann, wenn sie zurückgrüßt. Außerdem wissen Sie nie, mit wem Sie das Vergnügen haben. Sie wären nicht der erste Bewerber, der unwissentlich mit einem seiner späteren Gesprächspartner den Aufzug teilt.

Was Ihre Hände verraten

Gestik wirkt positiv, wenn sie sich oberhalb der Gürtellinie abspielt. Also bitte nicht die Hände in den Hosentaschen vergraben. Und auch sonst gilt, dass Ihre Hände immer sichtbar sein sollen. Im Idealfall zeigen Sie sogar ab und an Ihre Handinnenflächen. Warum? Nun, in früheren Zeiten galt es als ein Zeichen von Bedrohung, wenn wir die Hände unseres Gegenübers nicht sehen konnten. Daraus resultierte die überlebenswichtige Frage, ob der andere bewaffnet und uns daher gefährlich sein könnte. Für uns gilt also heute: Zeigen Sie Ihre Hände, zum Beispiel indem Sie unterstützend gestikulieren. Gerade die Handinnenfläche ist verletzlicher als der Handrücken. Das Zeigen der Handinnenflächen gilt daher als besonderes Zeichen von Vertrauen. Verstecken Sie Ihre Hände nicht – auch nicht hinter dem eigenen Rücken oder gar unter dem Tisch. Stattdessen legen Sie die Hände lose ineinander auf den Schoß oder vor sich auf den Tisch

Keine voreiligen Rückschlüsse!

Ausdrücklich möchte ich an dieser Stelle darauf hinweisen, dass Körpersprache nicht immer eindeutig ist. Sitzt jemand mit verschränkten Armen vor Ihnen, so gibt es verschiedene Möglichkeiten, diese Körperhaltung zu interpretieren: Möglicherweise sollten Sie die Heizung aufdrehen, weil Ihrem Gegenüber kalt ist. Oder Ihr Gesprächspartner sitzt wahnsinnig bequem und macht es sich gerade so richtig gemütlich. Oder aber er geht auf Distanz zu Ihnen, weil Sie etwas getan oder gesagt haben, das nicht seinen Vorstellungen entsprochen hat. Aus einer bestimmten Haltung kann man nicht sofort definitive Rückschlüsse ziehen. Eher ist es so, dass die Körperhaltung erst über längere Dauer hinweg beobachtet ein schlüssiges Bild ermöglicht.

Hallo, hier bin ich!

Gehen wir einmal den Ablauf eines Vorstellungsgesprächs genau durch. Nehmen wir an, das Job-Interview findet in den Räumen des künftigen Arbeitgebers statt. Dann beginnt Ihr Auftritt genau in dem Moment, in dem Sie das Gelände des Unternehmens betreten. Das bedeutet: Schon wenn Sie auf den Parkplatz fahren oder den Innenhof überqueren, setzen Sie Ihr freundlichstes Gesicht auf, suchen zu den Entgegenkommenden den Blickkontakt, nicken ihnen zu oder grüßen gar freundlich und legen Ihren zielstrebigen Gang ein. Man weiß nie, wen Sie da vor sich haben. Und außerdem wären Sie nicht der erste Bewerber, der schon vom Fenster aus beobachtet wird.

Wenn Sie dann die Empfangshalle betreten, suchen Sie den Blickkontakt zu den Damen oder Herren an der Anmeldung. Lächeln Sie freundlich, während Sie auf das Empfangsteam zugehen. Dort stellen Sie sich mit den Worten vor: »Guten Tag. Ich bin Max Schmidt und habe um 10 Uhr einen Termin bei Herrn Müller. Wären Sie so freundlich, mich anzumelden? Vielen Dank.« Sprechen Sie langsam und deutlich. Man sollte Ihren Namen sofort verstehen können. Wenn die Dame vom Empfang dann im Sekretariat bei Herrn Müller anruft, um Bescheid zu geben, sollten Sie hören: »Herr Schmidt ist hier« anstatt: »Der Termin von Herrn Müller ist da.«

Am Empfang

Meist wird Ihnen anschließend vorgeschlagen, noch kurz Platz zu nehmen und zu warten, bis man Sie abholt. Sie streben also in Richtung Sitzecke, doch was tun Sie während Ihrer Wartezeit? Wir verraten Ihnen, was die meisten anderen Bewerber mit Vorliebe tun: Manche haben noch die Gelassenheit, ihren MP3-Player anzustellen und sich damit die Wartezeit zu vertreiben. Das ist aber zugegebenermaßen meist die ganz junge Generation. Die meisten anderen zücken noch mal ihr Handy und checken Mails, SMS, Anrufe oder ob sie das Handy lautlos gestellt haben. Manche schreiben noch schnell eine mehr oder weniger lange SMS, von irgendwelchen Handyspielereien ganz zu schweigen. Aber mal ganz ehrlich: Kann das nicht warten? Aus unserer Sicht besteht absolut keine Notwendigkeit, in diesem Moment das Mobiltelefon hervorzukramen, und empfehlenswert ist das schon gar nicht. Stattdessen sollten Sie sich eine ausliegende Fachzeitschrift (bitte nicht die BILD-Zeitung, die Gala oder Ähnliches) nehmen und darin lesen. Bei größeren Unternehmen ist die Eingangshalle sehr oft mit Informationen zur Entstehungsgeschichte und zum Tätigkeitsbereich der Firma ausgestattet. Warum werfen Sie nicht darauf einen Blick? Die dortigen Informationen können Ihnen im folgenden Smalltalk sehr hilfreich sein. Und wenn Ihnen keine Zeitschriften zur Verfügung stehen und auch Firmeninformationen fehlen, dann beobachten Sie das Geschehen um sich herum: Welchen Eindruck haben Sie vom Betriebsklima? Wie sind die Mitarbeiter gekleidet? Könnten Sie sich vorstellen, »dazuzugehören«?

In Kürze wird Sie jemand aus dem Büro Ihres Gesprächspartners abholen. Wenn derjenige vor Ihnen steht und Sie anspricht, stehen Sie sofort auf. Meist fallen dabei Worte wie: »Herr Schmidt? Guten Tag, ich bin Ina Schuster, ich darf Sie zu Herrn Müller begleiten.« Sie antworten daraufhin: »Hallo/Guten Tag, Frau Schuster. Freut mich, Sie kennenzulernen.« Oder: »Vielen Dank, Frau Schuster.« Sagen Sie nicht »Angenehm«, das klingt verstaubt. Übrigens: Frau Schuster darf entscheiden, ob sie Ihnen die Hand zur Begrüßung reicht.

Wenn Sie sich dann Frau Schuster anschließen, sollten Sie schon in der Lage sein, ein Warm-up-Gespräch nebenher zu führen. Zum Beispiel: Äußern Sie sich lobend über die schöne Gegend oder das attraktive Gebäude. Erzählen Sie etwas über Ihre Anreise: ob per Bahn oder Auto. Fragen Sie etwas zur Firmengeschichte oder geben Sie etwas zum Besten, das Sie vorhin unten in der Empfangshalle gelesen haben. Plaudern Sie über das Wetter. Hauptsache, Sie reden!

Am Ort des Geschehens angekommen, bedanken Sie sich bei Frau Schuster. Wenn Sie gebeten werden, das Büro von Herrn Müller zu betreten, klopfen Sie zunächst an der Tür oder am Türrahmen, sofern die Tür noch verschlossen ist oder Ihr Gesprächspartner Sie noch nicht wahrgenommen hat. Sobald Blickkontakt besteht und Sie durch Gestik eingeladen werden, das Büro zu betreten, gehen Sie auf Ihren Gesprächspartner zu.

Grüßen, begrüßen und sich selbst vorstellen

Nun wird es ein bisschen schwierig: Sie müssen zwar Herrn Müller grüßen (mit Worten), aber Herr Müller darf entscheiden, wie Sie sich begrüßen (ob per Handschlag oder ohne). Das bedeutet also, dass Sie nicht mit ausgestrecktem Arm auf Herrn Müller zugehen und ihn dadurch ungewollt »zwingen«, Ihnen die Hand zu reichen. Keine Sorge, in 99 Prozent aller Vorstellungsgespräche reicht man sich ganz automatisch die Hand! Nun sind zwei Varianten denkbar:

Die Begrüßungszeremonie

1. Herr Müller sagt: »Ah, Herr Schmidt, schön, dass Sie da sind!« Sie antworten dann: »Guten Tag, Herr Müller, ich freue mich auch sehr. Vielen Dank für die Einladung zum Vorstellungsgespräch/Vielen Dank, dass Sie mir die Gelegenheit geben, mich vorzustellen.«
2. Falls Herr Müller Ihren Namen nicht nennt, müssen Sie sich selbst vorstellen und sagen dann: »Guten Tag, ich bin Max Schmidt.« Herr Müller wird sich anschließend ebenfalls vorstellen und sagen: »Hallo, Herr Schmidt, ich bin Wolfgang Müller. Herzlich willkommen bei uns.« Wenn Sie mögen, können Sie darauf dann antworten »Vielen Dank« oder »Es freut mich, Sie kennenzulernen« – oder auch beides miteinander kombinieren.

 Wenn Sie sich selbst vorstellen, dann sagen Sie bitte nicht: »Ich bin der Herr Schmidt.« Entweder »Ich bin Max Schmidt« oder »Mein Name ist Max Schmidt«. Dass Sie Herr oder Dame sind, sieht man und muss von Ihnen nicht extra betont werden!

Knifflig wird es, wenn Ihnen nicht nur ein Gesprächspartner gegenübersteht, sondern mehrere Unternehmensvertreter auf Sie warten. Sofern keiner aus der Runde auf Sie zutritt, gehen Sie von links nach rechts auf die Anwesenden zu. Begrüßt wird stets von links nach rechts (von Ihnen aus betrachtet). Stellen Sie sich vor und begrüßen Sie die ganz linke Person zuerst. Es kann sein, dass diese Person Sie dann im Anschluss den anderen Anwesenden vorstellt. Währenddessen suchen Sie stets den Blickkontakt zu Ihrem jeweiligen Gegenüber. Seien Sie aufmerksam und merken Sie sich die Namen. Wenn Sie auf diese Art und Weise vorgestellt werden, müssen Sie sich nicht zusätzlich selbst (»Ich bin Max Schmidt«) vorstellen. Wenn Sie die Anwesenden bereits kennen, begrüßen Sie diese entweder ebenfalls von links nach rechts der Reihe nach oder begrüßen denjenigen zuerst, der die ranghöchste Position im Unternehmen innehat.

Die private Regel, dass die Damen vor den Herren begrüßt werden, hat im Business keinen Bestand. Hier zählt lediglich die Hierarchie und damit die Position im Unternehmen.

Die privaten Begrüßungsgebote werden übrigens hilfsweise hinzugezogen, wenn sich Mitarbeiter auf der gleichen Hierarchieebene befinden. Das bedeutet: Treffen Sie auf zwei Mitarbeiter, die beide die gleiche hierarchische Position innehaben, begrüßen Sie den Älteren zuerst. Wissen Sie nicht, wer der Ältere ist, begrüßen Sie von links nach rechts. Oder anders: Treffen Sie auf eine Kollegin und einen Kollegen der gleichen Position, begrüßen Sie die Dame zuerst. Die Regel, dass die Dame vor dem Herrn beziehungsweise die/der Ältere vor dem/der Jüngeren begrüßt wird, kann also im Berufsleben hilfsweise zur Anwendung kommen.

Haben Sie die Begrüßungszeremonie hinter sich gebracht, wird man Ihnen einen Sitzplatz anbieten. Ein guter Rat: Nehmen Sie genau den Platz an, der Ihnen angeboten wurde. Setzen Sie sich nicht, bevor Ihnen ein solcher Vorschlag unterbreitet wurde, und achten Sie darauf, sich etwa zur gleichen Zeit wie die anderen Anwesenden niederzulassen.

Ein gutes Gesprächsklima erzeugen

Ihre Aufgabe zu Beginn eines Vorstellungsgesprächs besteht darin, aktiv an einem konstruktiven und positiven Gesprächsklima mitzuwirken. Zeigen Sie, dass Sie kein Bittsteller, sondern selbstbewusst, aber nicht großspurig, und von Ihrer Bewerbung überzeugt sind. Oft sind es nur Kleinigkeiten, die große Wirkung erzeugen. Werden Sie zu Beginn eines Gesprächs gefragt, ob Sie das Unternehmen gut gefunden haben, so antworten Sie selbstverständlich: »Ja, besten Dank, ich habe sehr gut hierher gefunden. Ich hatte es ja auch leicht, Frau Schuster war so nett, mir eine sehr gute Anfahrtsskizze zu schicken. Ich habe mich dann entschlossen, mit dem Auto zu fahren. Wie erwartet war heute, dank der Ferienzeit, nicht viel Verkehr auf den Straßen.« Das hört sich zugänglich an und bietet Anknüpfungspunkte für den folgenden Smalltalk.

Wenn Sie gefragt werden, ob Sie etwas trinken möchten, sollten Sie nicht mit »Nein, danke« antworten. Aus falscher Bescheidenheit wird dieses Angebot leider viel zu häufig abgelehnt. Man hat Ihnen etwas angeboten und Sie sollten diese Höflichkeit nicht zurückweisen. Vielleicht möchte Ihr Gesprächspartner selbst etwas trinken. Darüber hinaus können Sie später einen Schluck Wasser zu sich nehmen und so eine Gesprächspause überbrücken. Die bessere Antwort lautet daher: »Gern nehme ich ein Glas Wasser, vielen Dank.« Bitte ordern Sie keine speziellen Getränke. Wir waren kürzlich Zeuge, wie ein Bewerber einen Latte Macchiato trinken wollte. Halten Sie sich besser an übliche Getränke wie Wasser, Tee oder eine Tasse Kaffee.

Möchten Sie etwas trinken?

Zu Beginn eines Gesprächs wird es Ihrem Interviewpartner ein Anliegen sein, dass Sie zur Ruhe kommen und man sich im Wege des Smalltalks ein bisschen besser kennenlernt. Lassen Sie sich die Redebeiträge bitte nicht aus der Nase ziehen. Wirken Sie konstruktiv an einem guten Gesprächsklima mit, indem Sie ausführlich antworten, sich an positiven Gesprächsinhalten orientieren und insgesamt einen freundlichen und aufgeschlossenen Eindruck hinterlassen. Wann der Smalltalk beendet ist – und man zum eigentlichen Interview übergeht –, entscheidet Ihr Gesprächspartner.

3   Ihre Stärken und Schwächen

Die Frage nach Ihren Stärken und Schwächen gehört zum Standardrepertoire in jedem Vorstellungsgespräch. Zwar wird die Frage meist nicht offensichtlich gestellt und lautet daher nicht: »Welches sind Ihre Stärken/Schwächen?« Stattdessen formuliert man beispielsweise: »Welches war Ihre größte Niederlage/Ihr größter Erfolg?«

Am erfolgreichsten werden Sie sein, wenn Sie ein Tätigkeitsfeld finden, in dem Sie Ihre Stärken entfalten können. Aus dem Einsatz Ihrer Stärken werden gute Arbeitsergebnisse resultieren, die Sie ganz automatisch motivieren und mit Lust und Freude arbeiten lassen. Denn, so ein weises Sprichwort, nichts ist wirklich Arbeit, außer man würde lieber etwas anderes tun.

Um sich ein entsprechendes Tätigkeitsfeld suchen zu können, müssen Sie natürlich erst einmal erkennen, wo denn überhaupt Ihre Stärken liegen. Also nehmen Sie sich einen halben Tag Zeit und denken Sie mit Stift und Papier über die folgenden Fragen nach.

Wir wollen Ihnen dabei helfen, herauszufinden, wo Ihre ganz persönlichen Stärken liegen, und Sie darüber hinaus tatkräftig unterstützen, den Platz zu finden, wo Sie sich optimal einbringen und entfalten können. Denken Sie daran: Der größte Spielraum für das Wachstum jedes Menschen liegt in seinen Stärken. Ihre Stärken sind es auch, weswegen man Sie am Ende einstellen wird oder eben nicht. Ihre Schwächen sind so lange kein Problem, wie sie Ihnen nicht Weg stehen.

Wo liegen Ihre persönlichen Stärken?

Die Selbstanalyse

To do   Welches sind Ihre Stärken?

_____

_____

_____

Was müssen Sie noch verbessern?

_____

_____

_____

Worin sehen andere Leute Ihre Stärken?

_____

_____

_____

Worin sehen andere Leute Ihre Schwächen?

_____

_____

_____

Was hindert Sie daran, erfolgreich zu sein?

_____

_____

_____

Gibt es etwas an Ihnen, das Sie nur schwer zugeben können?

_____

_____

_____

In welchen drei Bereichen möchten Sie unbedingt besser werden?

_____

_____

_____

Nachdem Sie diese Fragen beantwortet haben, rufen Sie einen engen Freund und ein Familienmitglied an und fragen, welches deren Meinung nach Ihre Stärken sind und in welchen Bereichen man Verbesserungspotenzial für Sie sieht. Wiederholen sich die Aussagen beziehungsweise stimmen manche mit Ihren Aufzeichnungen überein? Das ist ein gutes Zeichen. Es bedeutet, dass Sie ein realistisches Bild von sich selbst haben, und Sie wissen nun, wie andere Sie wahrnehmen.

Wie Sie Ihre Stärken und Erfolge richtig präsentieren

Viele Bewerber gehen davon aus, dass ihre Bewerbungsunterlagen und vor allem der Lebenslauf für sich selbst sprechen. Sie hoffen, dass der Personaler die Unterlagen intensiv studiert, die richtigen Schlüsse aus den Unterlagen zieht und eine Entscheidung zu ihren Gunsten trifft. Die Praxis sieht anders aus. Ihre Bewerbung und Sie selbst müssen einen Vorteil versprechen, den andere Bewerber nicht bieten können.

Je genauer Sie sich selbst und die Anforderungen an den neuen Job kennen, desto besser können Sie sich in Szene setzen und Ihre Vorzüge präsentieren. Stellen Sie sich den neuen Job wie ein Vorhängeschloss vor, zu dem Sie den richtigen Schlüssel besitzen. Die Kombination aus Ihrer Persönlichkeit, Ihren Stärken und Ihren Erfahrungen ergibt das Profil, das Ihren Gesprächspartner überzeugen soll.

Verfügen Sie über spezielle Branchen-, Sprach- oder Computerkenntnisse? Besitzen Sie besondere und vor allem praxiserprobte Fähigkeiten im Umgang mit Kunden? Bleiben Sie am Ball, wenn die Lösung kniffliger technischer Fragen Durchhaltevermögen verlangt? Können Sie komplizierte Sachverhalte verständlich darstellen und andere Menschen überzeugen? Wenn ja, erzählen Sie davon!

To do Beschreiben Sie die größten Erfolge in Ihrem Leben:
_____
_____
_____

Beschreiben Sie Ihre größten Misserfolge:
_____
_____
_____

Welches waren Ihre wichtigsten beruflichen Erfahrungen?
_____
_____
_____

Welches waren die wichtigsten Entscheidungen in Ihrem Leben?
_____
_____
_____

Was finden Sie an diesen Entscheidungen so wichtig und/oder gut?
_____
_____
_____

Haben Sie erreicht, was Sie erreichen wollten? Was war das?
_____
_____
_____

Inwiefern ist Ihr Leben besser (oder schlechter) geworden durch diese Entscheidungen?
_____
_____
_____

Was haben Sie aus diesen Entscheidungen gelernt?

_____

_____

_____

Würden Sie aus heutiger Sicht etwas anders machen? Was wäre das?

_____

_____

_____

Was würden Sie in einer ähnlichen Situation wieder genauso machen wie damals?

_____

_____

_____

Der souveräne Umgang mit Schwächen

In jeder Stellenanzeige ist es von herausragender Bedeutung und auch im Vorstellungsgespräch ist die Rede davon: das Profil des Wunschkandidaten. Ein Mix aus persönlichen Eigenschaften, Fachwissen und Zusatzqualifikationen, dem der Bewerber entsprechen soll. Eine Liste von Stärken, die bei manchem das Gefühl von Schwäche auslöst. Doch die Schwäche ist nicht das Problem – nur wie man damit umgeht. Der ideale Bewerber erfüllt alle Kriterien, die in einer Stellenanzeige gefordert werden, die wenigsten Kandidaten passen jedoch uneingeschränkt auf ein Bewerberprofil. Jeder hat Schwächen. Wer jedoch seine Schwächen zu seinem Leitthema macht, der ist nicht gut damit beraten. Schwächen bremsen nämlich nicht zwingend die Karriere – sondern nur dann, wenn sie Gewicht haben.

Wer mit der höheren Mathematik auf Kriegsfuß steht, ist nicht automatisch zur Untätigkeit verdammt. In vielen Berufen spielen

Relative Schwächen

Algebra und Analysis keine Rolle, dort sind hingegen Teamfähigkeit oder exaktes Zuhören gefordert. Relativieren Sie Ihre Schwächen, orientieren Sie sich an Ihren Stärken und seien Sie sich bewusst: Eine Schwäche erhält ihre Bedeutung erst durch gestellte Anforderungen – sie ist nämlich relativ.

❏ Versuchen Sie nicht, Ihre Schwächen zu beseitigen, weil Sie glauben, dass man erst gut ist, wenn man keine Schwächen mehr hat. Das ist ein Irrglaube. Das soll aber nicht dazu verführen, Schwächen mit einem Schulterzucken abzutun und zu sagen: »Ich bin eben so.«

❏ Schwächen sind relativ. Sie werden erst dann relevant, wenn Sie eine Tätigkeit ausüben wollen, bei der Ihre Schwächen hinderlich sind.

❏ Alles hat auch seine guten Seiten: Viele Schwächen bringen etwas Positives mit sich. Wer zum Beispiel kein »Finisher« ist, weil es ihm langweilig wird, etwas Neues bis zum letzten Punkt umzusetzen, der ist vielleicht besonders kreativ, sprüht ständig vor neuen Ideen und kann andere begeistern und mitreißen.

❏ Schwächen sind subjektiv. Häufig sehen andere die »Lücke« als nicht so dramatisch an.

❏ Wenn Sie sich eine Schwäche abgewöhnen möchten beziehungsweise sich neue Verhaltensweisen angewöhnen wollen, benötigen Sie Geduld. Veränderungen passieren nicht von heute auf morgen, sondern brauchen ihre Zeit, bis sie zur Gewohnheit werden.

4 Die 111 wichtigsten Fragen im Vorstellungsgespräch

Erinnern Sie sich? Personalverantwortliche wollen im Vorstellungsgespräch ausloten, ob Sie fachlich geeignet sind, inwiefern Sie relevante Berufserfahrung mitbringen, was Sie motiviert, warum Sie sich für den Job und das Unternehmen interessieren, ob Sie über soziale Kompetenz verfügen und was Sie für eine Persönlichkeit sind. Eine ganze Menge, nicht wahr? Und das alles in ein bis eineinhalb Stunden. Allerdings: Erfahrene Personaler wissen bereits nach wenigen Minuten, ob ein Kandidat interessant ist oder nicht und ob die »Chemie« stimmt. Vergessen Sie nie: Wir arbeiten lieber mit Menschen zusammen, die uns sympathisch sind, mit denen wir etwas gemeinsam haben und die sich für uns interessieren. Das gilt auch für Personaler! Natürlich spielt auch Ihre Gehaltsvorstellung eine Rolle, aber würden Sie jemanden einstellen, der »günstig« zu haben, Ihnen aber unsympathisch ist?

Das Interview ist also die Chance, sich von der besten Seite zu präsentieren und Beziehungen aufzubauen. Zeigen Sie, dass Sie sich wirklich interessieren und dass Sie ein sympathischer Typ sind, mit dem man gern zusammenarbeitet. Sie können sich heute so gut wie nie und nahezu grenzenlos vor dem Gespräch informieren. Sie können in Netzwerken Kontakte zu Mitarbeitern des Unternehmens knüpfen, Pressemitteilungen einsehen und sich über die Produkte und Dienstleistungen informieren. Wenn Sie Ihre(n) Gesprächspartner namentlich kennen, sind Sie klar im Vorteil, dann können Sie sich in Business-Netzwerken auch Informationen über Ihre(n) Interviewpartner beschaffen.

Sie haben die Chance, sich zu präsentieren

Im Folgenden wollen wir Sie durch die einzelnen Interviewphasen begleiten und Ihnen verschiedene Sichtweisen beziehungsweise

Strategien aufzeigen. Natürlich variieren die Fragen von Fall zu Fall und es kommt auch immer darauf an, um welche Position es geht und in welcher Phase Ihres Erwerbslebens Sie sich gerade befinden ... Alles richtig, aber unsere Erfahrung zeigt täglich, dass die meisten Kandidaten mehr Zeit dafür verwenden, gute Erklärungen zu finden, anstatt an ihrer eigenen Überzeugungsfähigkeit zu arbeiten und Verantwortung zu übernehmen.

So weit es möglich ist, bieten wir Ihnen mögliche (denkbare, potenzielle) Antworten in wörtlicher Rede an. Sie müssen allerdings ein Gefühl dafür entwickeln, was zu Ihnen passt und von Ihnen glaubwürdig vertreten werden kann. Die beispielhaften Antworten stellen einen roten Faden dar, an dem Sie sich orientieren können. Sie sollten diese Antworten nicht auswendig lernen, sondern vielmehr lernen, situationsbezogen zu überzeugen. Viele der eher »ungünstigen« Antworten stammen von unseren Teilnehmern oder aus einem der vielen Internetforen, in denen sich Leser zum Thema »Vorstellungsgespräche« austauschen.

Startschuss: Wann es ernst wird

Haben Sie sich schon einmal gefragt, wann das Interview eigentlich beginnt? Wir gehen davon aus, dass das Vorstellungsgespräch mit der Anmeldung im Sekretariat beginnt und Sie für einen Moment in einem Vorzimmer auf Ihren Gesprächspartner warten. Was tun Sie? Schreiben Sie noch schnell eine SMS oder einen Twitter-Beitrag? Stöbern Sie in den dort ausliegenden Zeitschriften oder Geschäftsberichten? Schauen Sie aus dem Fenster oder gehen Sie unruhig auf und ab? Je genauer Sie sich die Situation im Vorfeld vorstellen können, desto besser werden Sie in der Wirklichkeit reagieren – auch dann, wenn Ihre Vorstellungen von der Realität abweichen. Nun ist es so weit ... Ihr Gesprächspartner erscheint oder Sie werden zu ihm ins Büro gebeten. It's Showtime!

Erfahrene Personaler wissen, dass entspannte Bewerber die besseren Gesprächspartner sind. Sie sind unter Umständen auch bereit, in »vertrauter« Umgebung mehr von sich preiszugeben, als ihnen eigentlich lieb ist.

Merken Sie sich an dieser Stelle Folgendes: Seien Sie ehrlich, aber nicht naiv. Vergessen Sie nie, dass Sie sich in einer Situation befinden, in der Sie beurteilt werden. Es gibt Mitstreiter (Mitbe-werber), die Sie im Moment nicht sehen und deren Leistungsfähig-keit Sie nicht einschätzen können. Wir möchten Sie dabei unter-stützen, mehr Angebote zu bekommen. Hinterher können Sie immer noch entscheiden, ob Sie die Position annehmen wollen und ob das Unternehmen für Sie das richtige ist.

In der Warm-up- oder Smalltalk-Phase möchte Ihr Gesprächspart-ner erreichen, dass Sie mit der Situation vertraut werden. Gleich-zeitig wird er Sie aber auch beobachten und sich fragen, ob Sie ein Gespräch ins »Laufen« bringen können. Viele Techniker oder Naturwissenschaftler sind der Meinung, Smalltalk sei nur etwas für Softies, und lehnen diesen Teil der Konversation strikt ab. Schade eigentlich, sie sagen damit nämlich etwas über ihre soziale Kompetenz aus … Das ist übrigens auch einer der Gründe, warum sich diese Berufsgruppen als Führungskräfte häufig schwertun. **Zeigen Sie sich kompetent beim Smalltalk**

Eine wichtige Anmerkung: Die ungünstigen beziehungsweise fal-schen Antworten haben wir mit »–« gekennzeichnet, die günstigen beziehungsweise richtigen Antworten mit »+«.

Fragen im Warm-up-Gespräch

1. Haben Sie den Weg zu uns gut gefunden?

– »Ja, alles bestens.«

– »Ja, danke der Nachfrage, ich habe ein Navigationssystem im Auto.«

– »Es geht so, in Ihrer Wegbeschreibung hat sich ein kleiner Fehler eingeschlichen. Deshalb bin ich auch etwas zu spät gekommen.«

+ »Ja, alles bestens. Ihre Sekretärin hatte mir eine Wegbeschrei-bung mit der Einladung zugeschickt und so konnte ich den Weg ganz einfach zu Ihnen finden.«

Anmerkung: Noch besser ist es, wenn Sie den Namen der Sekretärin verwenden.

+   »Ja, vielen Dank, dass Sie nachfragen. Ich habe mir den Weg hierher und die Umgebung schon einmal vor ein paar Tagen angesehen und mir einen Eindruck verschafft. Zum einen bin ich gern pünktlich und zum andern wollte ich auch wissen, worauf ich mich einlasse …«

Anmerkung: Diese Variante mag sich etwas gewagt lesen. Viel wichtiger ist aber, wie sie in der Praxis klingt. Je nach Situation und in Verbindung mit einem freundlichen Lächeln können Sie auf diese Art und Weise schnell punkten.

2.   Wie war Ihre Anreise?

–   »So weit ganz gut.«

Anmerkung: Die meisten Personaler interessiert nicht wirklich, wie Ihre Anreise war, sie wollen Ihnen lediglich Brücken bauen und mit Ihnen ins Gespräch kommen.

–   »Beschwerlicher als ich dachte. Ich bin zwar mit der Bahn gefahren, aber ich musste die Hälfte der Strecke stehen, weil der Zug so voll war.«

Anmerkung: Warum haben Sie keinen Sitzplatz reserviert? Sie wussten doch einige Tage im Voraus, dass der Termin anstand.

+   »Völlig entspannt. Ich bin mit der Bahn gefahren, hatte mir einen Sitzplatz reserviert und konnte mich während der Fahrt gut mit einem Mitreisenden unterhalten.«

Anmerkung: Mit einer Antwort wie dieser zeigen Sie, dass Sie gut planen können und darüber hinaus auch ein kommunikativer Mensch sind.

3.   Was darf ich Ihnen anbieten? Eine Tasse Kaffee oder lieber ein Mineralwasser?

Kaffee oder Wasser?   –   »Vielen Dank, ich möchte nichts trinken. Ich habe eben im Zug noch einen Espresso und ein Wasser getrunken.«

Anmerkung: Schön für Sie! Vielleicht möchte Ihr Gesprächspartner ja etwas trinken und hält sich nun aus Höflichkeit zurück.

+ »Das ist nett von Ihnen. Ich würde gern etwas trinken, am liebsten ein Wasser. Geht das?«

Anmerkung: Ja, das geht. Ihr Gesprächspartner hat Sie ja ausdrücklich gefragt. Nichtsdestotrotz leisten Sie mit dieser rhetorischen Frage einen kleinen positiven Beitrag für das folgende Gespräch. In Gesprächspausen ist es übrigens gut, wenn Sie zu einem Glas Wasser greifen können. Sie können dann die Zeit gut überbrücken und laufen auch nicht Gefahr, etwas Unbedachtes zu sagen. In der Praxis hat es sich bewährt, auf Wasser zurückzugreifen: Selbst wenn Sie vor Aufregung etwas verschütten, macht es sich besser, ein wenig Wasser auf dem Jackett zu haben als unschöne Kaffeeflecken. Bitte »bestellen« Sie nichts Außergewöhnliches: Kaffee, Wasser oder Tee lautet der Dreiklang.

4. Kennen Sie die Gegend hier? Wir sind glücklich, in einer so schönen Umgebung ansässig zu sein.

- »Ja, landschaftlich ist es wirklich schön hier, aber ich werde wohl bei meinem Partner ein wenig Überzeugungsarbeit leisten müssen.«

- »Ich habe als Kind in der Nähe gewohnt. Wir sind dann aber in die Stadt gezogen und ich habe den Bezug zu dieser Region verloren.«

Anmerkung: Diese Antwort ist faktisch wohl richtig, allerdings wird versäumt, mögliche Anknüpfungspunkte ins Spiel zu bringen und das Gespräch zu lenken.

Verpassen Sie keine Anknüpfungspunkte!

+ »Ich habe meine Kindheit hier verbracht und erinnere mich noch gut daran. Meine Eltern und ich sind dann aber aus beruflichen Gründen nach Hamburg gezogen. Ich bin mal gespannt, wie viele meiner Freunde aus Kindestagen ich hier wieder treffe und was aus ihnen geworden ist.«

Anmerkung: Sie machen deutlich, dass Sie der Region gegenüber positiv eingestellt sind und unter Umständen schnell Kontakte knüpfen werden. Dieser Punkt ist für Personaler sehr wichtig: Mitarbeiter, die sich nicht wohlfühlen, bleiben nicht lange.

5.   Was für ein schöner Tag – finden Sie nicht auch?

– »Ja, das Wetter ist zurzeit einfach klasse. Viel zu schade, um zu arbeiten!«

Anmerkung: Auch wenn diese Antwort witzig gemeint sein sollte, so beinhaltet sie doch zu viele Risiken und Sie sollten Ihren Sinn für Humor besser auf andere Art und Weise zur Geltung bringen.

– »Na ja, das kommt darauf an, die Landwirtschaft leidet ganz schön unter der Hitze.«

Anmerkung: Zeigen Sie, dass Sie ein Mensch mit einer positiven Grundeinstellung sind. Menschen, die an allem etwas auszusetzen haben, stellt man nicht gern ein.

– »Ja, für die meisten schon. Für mich ist dieses Klima nicht so toll – wegen meines Heuschnupfens meine ich.«

Anmerkung: Heuschnupfen ist keine Schande, aber Sie sollten sich von Ihrer besten Seite zeigen und nicht Ihre Krankheitsgeschichte zum Besten geben.

+ »Ja, ist das nicht toll? Da fällt es einem richtig leicht, morgens noch früher aufzustehen, und man hat viel mehr vom Tag.«

+ »Ja, das finde ich auch. Man merkt sofort, wie sich das Wetter auf die Menschen auswirkt, die meisten haben viel bessere Laune und alles macht gleich viel mehr Spaß.«

Fragen zu Ihrer Persönlichkeit

Gibt es Widersprüche?

Gehen Sie davon aus, dass Ihre Gesprächspartner nach den Schwächen und Widersprüchen in Ihrer Bewerbung und Präsentation Ausschau halten. Sie tun dies nicht, weil sie Böses wollen oder eine negative Grundeinstellung haben, sondern weil sie Ihr Angebot prüfen wollen. Vereinfacht ausgedrückt heißt das, dass der Käufer Ihrer »Ware« noch skeptisch ist und Vorbehalte gegenüber Ihrem Angebot hat. Anders formuliert: Stellen Sie sich doch einfach einmal vor, Sie sind Verkäufer für Turnschuhe und Ihr Kunde ist zwar

interessiert, aber er ist noch nicht ganz überzeugt. Ihre Turnschuhe
sind klasse, das wissen Sie aus eigener Erfahrung und Sie können
auch das eine oder andere praktische Beispiel anführen. Was würden
Sie tun? Was würden Sie sagen? Welche Fragen würden Sie stellen?
Wie sähe Ihre Körpersprache aus? Welches Gefühl würden Sie Ihrem
Kunden geben? Wenn Sie ein guter Verkäufer sind, bekommt Ihr
Kunde während Ihrer Ausführungen das Gefühl, er hätte die Schuhe
längst an und läuft schon seine erste Joggingrunde im Wald damit.
Genau darum geht es auch hier: Ihr Interviewpartner im Vorstel-
lungsgespräch möchte wissen, wie die Zusammenarbeit mit Ihnen
aussieht. Helfen Sie ihm, ein schlüssiges Bild davon zu gewinnen.

Ihren Gesprächspartner interessiert, wie Sie mit Ihren Kollegen,
Mitarbeitern, Vorgesetzten oder auch Kunden zurechtkommen
werden. Er sucht nach Antworten auf seine nicht ausgesprochenen
Fragen und möchte wissen, wie Sie in Stresssituationen reagieren,
ob Sie sich an Vorschriften halten oder lieber Ihren eigenen Weg
gehen. Was ist Ihnen wichtig? Wie unterscheiden Sie zwischen
richtig und falsch? Welches sind Ihre Glaubenssätze und Werte?
Wie treffen Sie Entscheidungen? Halten Sie durch, wenn es einmal
schwierig wird?

Wenn Sie bei diesen Fragen überzeugen wollen, wird es darauf **Überzeugen Sie**
ankommen, eine positive und bildhafte Sprache zu benutzen. **mit Beispielen und**
Nennen Sie konkrete Beispiele, arbeiten Sie mit Gestik, Mimik und **Körpersprache**
Ihrer Stimme, benutzen Sie Beschreibungen oder Vergleiche.

6.   Erzählen Sie uns doch etwas über sich.

–   »Ich, was soll ich Ihnen denn erzählen? Also, von der Schulzeit
       bis heute?«
       Anmerkung: Ihre Gesprächspartner gehen davon aus, dass Sie
       ein Profi sind, und erwarten von Ihnen eine situationsgerechte
       Antwort. Wo liegen Ihre Stärken? Welche besonderen (rele-
       vanten) Erfahrungen bringen Sie mit? Auf welche Erfolge
       können Sie stolz sein? Ihre Antworten auf diese Fragen lassen
       Rückschlüsse auf Ihre Persönlichkeit zu.

\+ »Schon als Kind wollte ich Ingenieur werden. Mich haben die Geschichten über Erfinder und Entdecker immer ganz besonders interessiert. Folglich war für mich früh klar, dass ich eine technische Ausbildung und ein Studium in diesem Bereich machen möchte. Heute weiß ich, warum. Ich mag die Herausforderung. Ich suche gern nach Lösungen – auch in scheinbar ausweglosen Situationen. Das motiviert mich und das geht so weit, dass ich auch schon mal die Zeit vergesse. Die neuen Medien haben die Arbeitswelt sehr verändert und heute arbeite ich auch mit Kollegen in anderen Ländern zusammen. Das war früher so nicht möglich, aber ich habe Gefallen daran gefunden. Im Team – auch wenn wir uns nicht jeden Tag persönlich sehen – kann man meiner Meinung nach die besten Ergebnisse erzielen. Ich denke, dass das auch einige meiner Stärken sind: im Team arbeiten, Lösungen finden, grenzübergreifend denken und auch mit Druck umgehen können. Meinten Sie das? Gern nenne ich Ihnen ein paar Beispiele.«

Anmerkung: Sie sind der Meinung, die Antwort ist zu lang? Das glauben wir nicht. Es geht um die Beschreibung Ihrer Person und nicht um eine Definition. Mit Antworten wie diesen erzeugen Sie Bilder im Kopf Ihrer Zuhörer und geben darüber hinaus die Richtung für den weiteren Gesprächsverlauf vor.

7. Wie würden Sie sich selbst charakterisieren?

– »Ich bin flexibel, belastbar und hoch motiviert.«

Vermeiden Sie Worthülsen

Anmerkung: Das klingt vielleicht gut, doch noch lange nicht überzeugend. Dieser Dreiklang ist nichts anderes als eine Anhäufung von Worthülsen ohne jegliche Bestätigung.

– »Ich kann gut andere Menschen überzeugen. Wissen Sie, ich bin durch und durch Verkäufer. Nicht so sehr der Theoretiker, sondern der Praktiker, das sehen Sie ja auch an meinen Verkaufserfolgen der letzten Jahre.«

Anmerkung: Alles gut und schön, aber uns würde diese Antwort nicht überzeugen. Nutzen Sie diese Gelegenheit und skizzieren Sie ein attraktives Bild von sich selbst. Wenn Ihnen das nicht so sehr liegt, können Sie auch andere Referenzen heranziehen.

+ »Das ist eine gute Frage. (Pause) Ich möchte Ihnen auf andere Art und Weise antworten. (Pause) Wenn Sie meinem damaligen Ausbildungsleiter diese Frage über mich stellen würden, würde er mit Sicherheit sagen, dass ich gut mit Rückschlägen umgehen und mich selbst motivieren kann. Er würde Ihnen auch erzählen, dass ich immer auf der Suche nach besseren Lösungen bin. In meinem zweiten Ausbildungsjahr habe ich zusammen mit anderen Auszubildenden einen Verbesserungsvorschlag eingereicht, den wir dann auch gemeinsam erfolgreich umgesetzt haben …«

Anmerkung: 1. Lügen Sie nicht. 2. Zeigen Sie, dass Sie ein Teamplayer sind und Weitblick haben. 3. Bieten Sie Referenzen an, die unter Umständen auch kontaktiert werden können.

+ »Ich lerne gern und möchte andere Menschen dabei unterstützen, ihre Potenziale besser zu nutzen. Hm, die Antwort hilft Ihnen nicht richtig weiter … Lassen Sie mich ein wenig weiter ausholen …«

Anmerkung: Es wird Ihren Gesprächspartner freuen, wenn Sie weiter ausholen, aber fürs Erste haben Sie einige Ihrer Stärken untergebracht. Jetzt kommt es darauf an, diese noch ein wenig auszumalen. Achten Sie unbedingt darauf, dass Sie Ihren Gesprächspartner an Ihrem »Denkprozess« teilhaben lassen. Auswendig gelernte Antworten wirken nicht glaubwürdig und authentisch.

8. Wie reagieren Sie auf Kritik?

– »Kritik ist wichtig, aber sie muss auch berechtigt sein.«

Anmerkung: Wer entscheidet darüber, ob die Kritik gerechtfertigt ist? Zeigen Sie vielmehr auf, dass Sie den Kritisierenden und sein Anliegen ernst nehmen und Kritik als das begreifen, was sie ist: eine Chance, sich weiterzuentwickeln.

– »Kritik macht mich natürlich zuerst ein wenig betroffen, aber dann spornt sie mich an. Ich habe gelernt, dass man nur durch Kritik wirklich besser werden kann.«

Anmerkung: Die Antwort geht in die richtige Richtung, vernachlässigt aber den wahren Hintergrund der Frage: Wie kommen Sie in Ihrer Arbeitsumgebung zurecht?

+ »Ich würde die Unwahrheit sagen, würde ich behaupten, dass ich mich über Kritik freue, schließlich bedeutet sie ja, dass nicht alles optimal gelaufen ist. Ich habe aber gelernt, dass Kritik erforderlich ist, weil man dadurch lernt und künftige Fehler vermeiden kann. (Pause) Hm, wenn ich so darüber nachdenke, würde ich lieber von Feedback sprechen. Jeder braucht die Information, ob die Dinge in Ordnung sind oder ob für die Zukunft etwas geändert werden muss.«

+ »Konstruktive Kritik oder Feedback sind ein Zeichen für eine offene Kommunikation und ein gutes Betriebsklima. Ich weiß nicht, ob Sie jetzt die Kritik von Vorgesetzten gegenüber Mitarbeitern meinen, aber ich denke da zuerst an die Mitarbeiter untereinander. Ich kann gut zuhören und versuche, aus dem Gesagten das Beste herauszuziehen. Viele meinen, Kritik muss immer negativ sein. Ich sehe das nicht so.«

Anmerkung: Vermitteln Sie nicht den Eindruck, dass Sie sich über Kritik freuen, und übertreiben Sie auch nicht. Achten Sie bei Fragen wie dieser auf Ihre Körpersprache.

9. Beschreiben Sie eine Situation, in der Sie kritisiert wurden.

– »Dass man kritisiert wird, kommt natürlich immer wieder einmal vor und gehört zum Tagesgeschäft, aber im Moment fällt mir kein aktuelles Beispiel ein.«

Wie fühlt sich die Zusammenarbeit mit Ihnen an?

Anmerkung: Vorsicht! Kritik gehört bei Ihnen hoffentlich nicht zum Tagesgeschäft. Nutzen Sie die Chance und schildern Sie eine Situation, die unter Umständen sogar eine Ihrer Stärken beschreibt. Denken Sie immer daran, dass Ihr Gesprächpartner in Erfahrung bringen möchte, wie sich die Zusammenarbeit mit Ihnen »anfühlt«, und natürlich auch, wie Sie sich selbst einschätzen und ob Sie ehrlich sind.

+ »Hm, da muss ich einen Moment nachdenken … Bei meinem letzten Projekt gehörte es unter anderem zu meinen Aufgaben, die Interessen unserer Kunden und unserer Firma zusammenzuführen, aber irgendwie habe ich mich dermaßen in die Aufgabe reingesteigert, dass ich zwei andere Termine aus den Augen verloren habe. Ich wurde dann von meinem Chef darauf aufmerksam gemacht und konnte die Verzögerung zum Glück wieder reinholen, immerhin so, dass keine zusätzlichen Kosten entstanden sind.«

10. Welche Dinge ärgern Sie? Was bringt Sie »auf die Palme«?

– »Ach wissen Sie, ich habe mich ganz gut im Griff und rege mich nicht so schnell auf. Mein Motto lautet: Take it easy.«
Anmerkung: Jeder Mensch regt sich hin und wieder einmal auf. Vermitteln Sie nicht den Eindruck, Ihnen sei alles egal.

– »Ungerechtigkeit und Unzuverlässigkeit.«
Anmerkung: Aha! Und nun soll sich der Personaler den Rest allein zusammenreimen?

+ »Na ja, es gibt schon Dinge, die mich wirklich ärgern. Ich mag es einfach nicht, wenn man gegebene Zusagen nicht einhält. Ich kann schon verstehen, dass etwas mal nicht so wie geplant läuft, aber dann muss man den anderen frühzeitig informieren, sodass er sich entsprechend darauf einstellen kann. Gerade wenn man mit anderen zusammenarbeitet, kommt es darauf an, dass man sich aufeinander verlassen kann.«
Anmerkung: Reduzieren Sie Ihre Antwort nicht auf Worthülsen, sondern nutzen Sie die Chance und erzählen Sie etwas von sich. Achten Sie bei Fragen wie dieser auf Ihre Körpersprache, Ihren Blickkontakt und Ihre Stimme. Jede plötzliche Veränderung wird unbewusst oder auch bewusst von Ihrem Gesprächspartner registriert und bewertet.

Körpersprache, Blickkontakt und Stimme

11. Sind Sie bereit, kalkulierbare Risiken einzugehen?

–   »Ich bin ein eher vorsichtiger Mensch und bin damit bisher auch ganz gut gefahren.«

–   »Klar, wenn man vorankommen will, muss man auch mal etwas riskieren.«

Anmerkung: In den meisten Fällen wird von Mitarbeitern erwartet, dass sie kalkulierbare Risiken eingehen und Verantwortung übernehmen. Sie sollten aber deutlich machen, dass Sie nicht leichtfertig handeln und Vor- und Nachteile gegeneinander abwägen.

+   »Ich glaube, dass man hin und wieder etwas wagen muss, wenn man beruflich erfolgreich sein möchte. Das heißt nicht, dass Draufgänger die besten Karten haben, aber das größte Risiko besteht wahrscheinlich darin, keine Risiken einzugehen. Großen Respekt habe ich vor Entscheidungen, die sich nicht rückgängig machen lassen. In solchen Fällen hole ich mir dann gern Rat von guten Freunden.«

12. Können Sie unter Termindruck arbeiten?

–   »Unter Druck arbeite ich am besten. Sie wissen doch: In unserer Branche kann man eben nicht alles durchplanen, da muss man immer auf Überraschungen gefasst sein. Ich mag es, wenn es hoch hergeht, dann bringe ich immer meine besten Leistungen.«

Nicht zu viel Vertraulichkeit!

Anmerkung: Erzeugen Sie nicht zu viel Vertraulichkeit und achten Sie darauf, dass Ihr Gesprächspartner nicht den Eindruck gewinnt, Sie hätten mit dem Setzen von Prioritäten Schwierigkeiten oder dass es mit Ihrem Zeitmanagement nicht zum Besten stünde.

+   »Wenn es irgendwie möglich ist, berücksichtige ich bei meiner Zeitplanung immer einen Puffer für Unvorhersehbares und versuche, Termindruck so weit wie möglich auszuschließen. Aber aus Erfahrung weiß ich, dass es manchmal auch anders kommt, als man denkt. In solchen Situationen bewahre ich einen kühlen Kopf, ordne die Prioritäten und schließe die Arbeiten ab.«

13. Welche persönlichen Eigenschaften sollte man mitbringen, wenn man auf Ihrem Fachgebiet erfolgreich sein möchte?

– »In meinem Job kommt es auf das Durchsetzungsvermögen an und man sollte auch den einen oder anderen Trick draufhaben.«

Anmerkung: Stopp! Bei der Beantwortung dieser Frage sollten Sie einen Bezug zwischen den Anforderungen der Stellenausschreibung und Ihren Stärken herstellen. Zugegeben, das ist oft nicht ganz leicht, denn nicht immer sind die Stellenausschreibungen wirklich aussagekräftig, aber wenn Sie die erste Hürde genommen haben und zu einem Vorstellungsgespräch eingeladen wurden, sind Sie auf dem richtigen Weg.

+ »Im Vertrieb muss man einen langen Atem haben und sich auch bei Rückschlagen immer wieder neu motivieren können. (Pause) Wichtig ist aber auch, dass man nie vergisst, dass man sich im Leben immer zwei Mal trifft und dem Kunden auch später noch unter die Augen treten können muss. Die Kunden merken doch, ob man es ehrlich mit ihnen meint.«

14. Wenn Sie heute Abend die Wahl zwischen dem Lesen eines interessanten Buchs und einer Geburtstagsparty hätten – wofür würden Sie sich entscheiden?

– »Die Entscheidung fällt mir leicht: Ich würde mich für die Geburtstagsparty entscheiden, das Buch läuft ja nicht weg.«

Anmerkung: Bei der Beantwortung von Fragen wie dieser geht es nicht um Ihre Entscheidung, sondern um die Begründung Ihrer Entscheidung. Lassen Sie Ihren Gesprächspartner an Ihren Überlegungen teilhaben.

+ »Ich würde sicherlich beides gern tun, aber wenn ich zu der Geburtstagsparty zugesagt habe, würde ich auch hingehen. Vielleicht gehe ich ja auch früher nach Hause und kann dann immer noch ein paar Seiten lesen ...«

Stärken und Schwächen

Der Klassiker

Das ist der Klassiker aller Themenbereiche, die in einem Vorstellungsgespräch besprochen werden, und selbst wenn bereits alles über die Beantwortung dieser Fragen gesagt oder geschrieben wurde, so stellt sie für den Betroffenen in der konkreten Situation eine Herausforderung dar. Es geht nicht darum, die geniale und einzigartige Antwort zu finden, es geht vielmehr darum, glaubwürdig und überzeugend zu sein.

15. Welches sind Ihre Stärken, welches sind Ihre Schwächen?

– »Ich bin motiviert, flexibel und verfüge über Durchsetzungsvermögen. Mein Schwächen? (Pause) Hm, ich würde von mir selbst sagen, dass ich manchmal ungeduldig bin.«

Wie gehen Sie mit Ihren Schwächen um?

Anmerkung: Die Frage hinter der Frage lautet: Sind Sie ehrlich und selbstkritisch? Das Aneinanderreihen von toll klingenden Eigenschaften bringt Sie nicht weiter. Sie werden Ihrem Interviewpartner schon etwas mehr bieten müssen und weniger ist da oft mehr. Nennen Sie anschauliche Beispiele, die im Idealfall mit den Anforderungen aus der Stellenausschreibung übereinstimmen. Das Gleiche gilt für die Schwächen. Jeder Mensch hat Bereiche, in denen er weniger stark ist. Das ist menschlich. Die Frage ist nur: Wie gehen Sie mit den Schwächen um und wie treten sie im Tagesgeschäft in Erscheinung? Am besten wird es sein, wenn Sie Schwächen benennen können, die man mit der ausgeschriebenen Position nicht in Verbindung bringt oder die bei genauerem Hinsehen sogar Stärken sind.

+ »Bezogen auf diese Stelle würde ich sagen, dass ich begeisterungsfähig, kreativ und vor allem teamfähig bin. Wenn wir Zeit haben, möchte ich das gern an einem Beispiel verdeutlichen … Wenn Sie mich nach meinen Schwächen fragen, dann fällt mir sofort ein, dass ich hin und wieder dazu neige, meinen

Schreibtisch chaotisch zu hinterlassen. Da muss ich noch ein wenig an mir arbeiten, aber das ist schon deutlich besser geworden.

Anmerkung: Beziehen Sie Ihren Gesprächspartner immer wieder mit ein und fordern Sie ihn auf, Ihnen zuzustimmen. Natürlich möchte er, dass Sie ihm ein Beispiel nennen! Wenn Sie über Ihre Schwächen sprechen, dann sollten Sie keineswegs zu großzügig sein und unaufgefordert gleich eine ganze Reihe von Schwachpunkten preisgeben. Wenn Kreativität eine Ihrer Stärken ist, dann ist es auch akzeptabel, wenn Sie hin und wieder einen chaotischen Schreibtisch hinterlassen. Mit dieser Schwäche unterstreichen Sie eine Ihrer Stärken. Denken Sie aber immer daran: Wenn Sie Ihre relevanten Stärken nicht kennen, können Sie auch nicht beurteilen, ob Sie auf die ausgeschriebene Position passen.

16. Worin sehen Sie Ihre größte Stärke?

– »Ich verfüge über eine sehr große Begeisterungsfähigkeit!«

Anmerkung: Klingt gut, denn wer arbeitet nicht gern mit begeisterungsfähigen Menschen zusammen? Die Frage ist aber, ob die von Ihnen genannte Stärke wirklich eine ist. In diesem Fall drängen sich weitere Fragen auf: zum Beispiel, ob Sie sprunghaft sind und ob Sie einmal in Angriff genommene Projekte auch erfolgreich beenden.

+ »Hm, wenn ich nur eine nennen soll … dann sage ich, dass ich neugierig bin und deshalb gern lerne. Es macht mir einfach Spaß, mir neues Wissen anzueignen und zu verstehen, wie die Dinge zusammenhängen und funktionieren.«

Anmerkung: Mit einer Antwort wie dieser bringen Sie sich immer in eine gute Ausgangsposition. Gern zu lernen ist eine Eigenschaft, mit der vieles möglich ist. Darüber hinaus haben Sie die Tür für die Frage nach weiteren Stärken oder interessanten Projekten geöffnet.

17. Nennen Sie Ihre drei wesentlichen Stärken.

Ihre Chance, sich op-
timal zu präsentieren

– »Ich bin belastbar, flexibel und teamorientiert.«

Anmerkung: Diese Antwort hilft Ihnen nicht wirklich weiter, denn sie ist unzureichend und nützt weder dem Personaler noch Ihnen. Mit etwas Glück wird der Personaler nachfragen, was Sie genau meinen. Wenn nicht, haben Sie gerade eine Chance verpasst, sich selbst optimal zu präsentieren. Das bloße Aufzählen von Eigenschaften, wie hier beschrieben, finden Personaler übrigens in mehr als zwei Drittel aller Bewerbungsanschreiben, aber das bedeutet keineswegs, dass sie sich deshalb schon an diese Worthülsen gewöhnt hätten. Ganz im Gegenteil.

+ »Auf den Punkt gebracht würde ich sagen, dass ich belastbar, flexibel und teamorientiert bin. Sie werden sich nun fragen, wie sich diese Eigenschaften tagein, tagaus bemerkbar machen. Gut, ich möchte Ihnen das an einem Beispiel verdeutlichen ...«

18. Nennen Sie zwei Eigenschaften oder Bereiche, in denen Sie sich verbessern möchten.

– »Na ja, jeder Mensch hat seine Stärken und Bereiche, in denen er sich noch verbessern kann. Ich werde mir wohl noch einiges in Sachen Führungstechnik und Verkaufsgespräch aneignen müssen.«

Anmerkung: Unsere Empfehlung lautet: Nennen Sie Bereiche, die Sie schon zu Ihren Stärken zählen und noch ausbauen möchten. Ihre Stärken nämlich sind es, die bereits heute für Ihren neuen Arbeitgeber von besonderem Interesse sind. Andernfalls hätte er Sie wahrscheinlich gar nicht eingeladen.

+ »Zwei Bereiche, in denen ich mich noch verbessern möchte ... In den kommenden ein bis zwei Jahren möchte ich mich vor allem darauf konzentrieren, meine Fähigkeit, ein Team zu führen, auszubauen und vor Ort noch mehr Vertriebserfahrung zu sammeln. Ich habe hier zwar schon eine ganze Menge vorzuweisen, aber das ist meines Erachtens der Bereich, von dem wir alle am meisten profitieren würden. Was denken Sie?«

19. Welches war Ihr größter Erfolg?

– »Was meinen Sie: privat oder beruflich? Beruflich? In meiner letzten Stelle habe ich das Qualitätsmanagement komplett neu strukturiert und ein QM-Handbuch eingeführt. Sie können sich gar nicht vorstellen, mit wie vielen Widerständen man bei so einem Projekt zu kämpfen hat.«

Anmerkung: Berichten Sie an dieser Stelle von Projekten, durch die Sie einen positiven Beitrag für Ihr Unternehmen oder, wenn Sie noch keine Berufserfahrung mitbringen, für Ihre Schule, Hochschule oder zum Beispiel eine Jugendgruppe geleistet haben. Übertreiben Sie aber nicht in der Selbstdarstellung und nehmen Sie andere mit ins Boot, indem Sie Ihre Teamfähigkeit ins Spiel bringen. Worin bestand die Herausforderung? Wie haben Sie diese überwunden? In welcher Form haben andere bei diesem Erfolg mitgewirkt?

+ »Vor einigen Monaten hatte ich den Auftrag, das Qualitätsmanagement zu überarbeiten und ein QM-Handbuch einzuführen. Das war eine sehr große Herausforderung, denn zu Beginn waren erst einmal die meisten skeptisch oder sogar dagegen. Schnell wurde klar, dass sich so ein Projekt nur im Team erfolgreich umsetzen lässt. Deshalb habe ich bei meinem Chef nachgefragt, ob ich andere Kollegen einbeziehen darf – so ganz nach dem Motto: Betroffene zu Beteiligten machen. Natürlich gab es dann immer noch den einen oder anderen Widerstand, aber wir haben uns immer wieder zusammengerauft und konnten das Projekt pünktlich übergeben.«

20. Welches war Ihr größter Misserfolg?

– »Mein größter Misserfolg war, dass ich während meines Studiums eine Mathematikprüfung in den Sand gesetzt habe und deshalb ein ganzes Semester dranhängen musste. Ich war in Mathematik in der Schule immer einer der Besten, aber im Studium habe ich mich wohl zu sehr von anderen ablenken lassen.«

Nicht zu viele Details!

Anmerkung: Fehler eingestehen zu können ist eine wichtige Charaktereigenschaft und eine der Voraussetzungen, um sich weiterzuentwickeln. Diese Frage ist aber nicht als Einladung zu verstehen, von Katastrophen zu berichten oder anderen die Schuld zuzuweisen. Nennen Sie nicht zu viele Details, schon gar nicht, wenn Sie von einem Missgeschick aus Ihrem beruflichen Umfeld berichten. Machen Sie deutlich, dass Sie aus Ihren Fehlern lernen, indem Sie die Gründe analysieren und Verantwortung übernehmen.

+ »Mein größter Misserfolg war, dass ich während meines Studiums eine Mathematikprüfung in den Sand gesetzt habe und deshalb ein ganzes Semester dranhängen musste. Damals war ich natürlich sehr enttäuscht, aber heute weiß ich, dass ich einfach zu spät mit dem Lernen begonnen habe und die wichtigen Dinge rechtzeitig angehen muss.«

Anmerkung: Eine Antwort wie diese erklärt auch, warum Sie unter Umständen etwas länger für Ihre Ausbildung oder Ihr Studium benötigt haben.

21. Beschreiben Sie ein schwieriges Problem, das Sie lösen mussten.

– »Wir hatten kürzlich ein Problem mit der fristgerechten Fertigstellung eines neuen Computernetzwerks bei einem Kunden … Irgendwie passte es vorne und hinten nicht und allen Beteiligten war klar, dass wir unter Umständen nicht nur mit Schadensersatzforderungen konfrontiert werden, sondern auch den Kunden verlieren. Am Ende ist es mir aber gelungen, alle an einen Tisch zu holen und das Projekt trotz großer Meinungsverschiedenheiten im eigenen Haus erfolgreich zu realisieren. Ich bin heute noch stolz darauf, dass wir dabei sowohl die Interessen der eigenen Firma als auch das Kundenbedürfnis nicht aus den Augen verloren haben.«

Anmerkung: Hier werden Sie etwas erzählen müssen. Wichtig ist aber, dass Sie nicht als Einzelkämpfer auftreten und gleichzeitig deutlich machen, dass Sie die erfolgskritischen Faktoren immer benennen können (in diesem Fall Zeit, Kosten, Kundenzufriedenheit). Wenn Sie clever antworten, legen Sie jetzt die Spur für weitere Fragen, indem Sie Angebote zum Nachhaken machen und Ihre Botschaft ganz wunderbar an den Mann oder die Frau bringen können.

22.   Wie gehen Sie mit Niederlagen um?

−   »Niederlagen spornen mich an. Ich lerne daraus und weiter geht's. Auf ein Neues.«
    Anmerkung: Niederlagen gehören zum Geschäft. Entscheidend ist vielmehr, wie Sie damit umgehen und was Sie daraus lernen. Machen Sie deutlich, dass Sie die Situation analysieren, nach dem Positiven suchen und sich dann aufmachen, um sozusagen »nachzugewinnen«.

+   »Na ja, seien wir doch mal ehrlich: Niederlagen tun erst einmal weh. Da muss man sich schon wieder selbst aus dem Sumpf ziehen können. Ich setze mich dann erst einmal hin, hinterfrage das Problem noch einmal und arbeite auf, was passiert ist und was hätte besser laufen können. Wenn ich allein nicht weiterkomme, nehme ich meine Notizen und hole mir Rat bei anderen. Mit den Niederlagen ist das so eine Sache: So richtig haben will sie keiner, aber hinterher hat man aus ihnen am meisten gelernt.«

23.   Welche Entscheidungen fallen Ihnen am schwersten?

−   »Wenn es meine Aufgabe ist, Entscheidungen zu treffen, dann fällt mir das auch nicht sonderlich schwer.«
    Anmerkung: In den meisten Fällen sind Personaler auf der Suche nach Kandidaten, die auch eine menschliche Seite haben. Formulieren Sie nach Möglichkeit eine Antwort, die gar nicht so sehr auf Details eingeht, die aber verdeutlicht, dass Sie die Dinge gegeneinander abwägen und auf Überraschungen vorbereitet sind.

Gesucht: Kandidat mit menschlicher Seite

+   »Es gibt immer wieder Entscheidungen, die man nicht leichten Herzens treffen sollte, vor allem dann, wenn das bedeutet, dass man anderen Menschen unangenehme Konsequenzen der Entscheidung – zum Beispiel eine Kündigung – mitteilen muss. Grundsätzlich treffe ich allerdings gern Entscheidungen, weil es dann weitergeht und man sich nicht in einer Warteschleife befindet.«

Teamfähigkeit

24. Wie definieren Sie eine gute Arbeitsatmosphäre?

–   »Man muss sich gegenseitig respektieren, unterstützen und auch miteinander lachen können.«

–   »Wenn die Arbeit Spaß macht, dann stimmt auch die Arbeitsatmosphäre.«

Umgang mit Kollegen, Mitarbeitern und Vorgesetzten

Anmerkung: Mit Fragen wie dieser möchte Ihr Interviewpartner ein Gefühl dafür bekommen, wie Sie mit Kollegen, Mitarbeitern und Vorgesetzten umgehen. Bedenken Sie, dass Sie im Moment keine Beweise erbringen können, die belegen, dass man gern mit Ihnen zusammenarbeitet. Deshalb kommt es jetzt vor allem auf Ihre nonverbalen Signale wie Blickkontakt und die passende Körpersprache an.

+   »Ich denke, dass man nicht mit jedem befreundet sein und sich verbrüdern muss, aber man sollte mit jedem zusammenarbeiten können. Meines Erachtens braucht es dafür Respekt, Toleranz und die Bereitschaft, sich gegenseitig zu unterstützen. Ich bin sicher, dass ich dazu einen Beitrag leisten kann.«

25. Arbeiten Sie gern im Team oder lieber auf sich gestellt?

–   »Meine besten Ergebnisse erreiche ich, wenn ich von anderen unabhängig bin.«

– »Ich arbeite am liebsten im Team. Da macht es am meisten
Spaß und der Erfolg kommt fast von allein.«

Anmerkung: Die richtige Antwort lautet nicht »entweder – **Sowohl – als auch!**
oder«, sondern »sowohl – als auch«. Sie arbeiten natürlich
gern im Team, haben aber auch als »Einzelkämpfer« Ihre
Stärken. Wenn Sie intensiv darüber nachdenken, wird Ihnen
schnell klar, dass Teamwork und selbstständiges Arbeiten
zusammengehören. Lassen Sie sich von Alternativfragen nicht
in die Enge treiben, sondern nennen Sie Beispiele für beide
Situationen.

+ »Das kommt auf die Situation an. Aus eigener Erfahrung weiß
ich, dass beide Arbeitsweisen ihre Berechtigung haben und je
nach Aufgabenstellung richtig eingesetzt werden müssen. Routinearbeiten im Tagesgeschäft erledigt man besser allein. Wenn
es aber darum geht, neue Lösungen zu entwickeln, oder wenn
es darauf ankommt, einzelne Arbeitspakete zusammenzuführen, sind Teams leistungsfähiger. Hier muss jeder Verantwortung übernehmen und darf auch nicht vergessen, dass andere
zum Beispiel von den Arbeitsergebnissen abhängig sind.«

26. Mit welchen Menschen arbeiten Sie gern zusammen? Mit welchen ungern?

– »Ach wissen Sie, ich komme mit nahezu allen Menschen gut
zurecht.«

Anmerkung: Antworten wie diese sind unglaubwürdig. Jeder
Mensch hat Präferenzen. Wenn Sie beschreiben, mit wem Sie
gern zusammenarbeiten, sagen Sie auch etwas darüber aus,
wie Sie sich selbst und Ihre Umwelt sehen.

+ Ich arbeite am liebsten mit Menschen zusammen, die das, was
sie tun, gern tun. Mir ist natürlich auch klar, dass nicht jeder
Tag eitel Sonnenschein sein kann, aber die grundsätzliche
innere Haltung halte ich für sehr wichtig und die hat meines
Erachtens großen Einfluss auf das Betriebsklima. Finden Sie
nicht auch?«

27. Wie würden Sie »Zusammenarbeit« definieren?

- – »Vertrauen ist die Grundlage für Zusammenarbeit. Aber Vertrauen ist gut, Kontrolle ist besser.«
- – »Teamwork, bei uns hieß das immer: Toll, ein anderer macht's.«

  Anmerkung: Das ist eine Pointe, die nach hinten losgeht. Beachten Sie, dass Ihre Antwort etwas über Ihre Einstellung zu Führungsstilen aussagt, sie lässt Rückschlüsse zu, ob Sie selbst über Führungspotenzial verfügen, ob Sie Prioritäten setzen können, wie es um Ihre Loyalität bestellt ist und wie Ihre Teamorientierung ausgeprägt ist. Sie sehen, Ihre Antwort auf eine »harmlose« Frage liefert dem Interviewer sehr viele interessante Informationen.

- + »Hm, wie soll ich das mit eigenen Worten sagen. (Pause) Ich werde es mal versuchen. Ob ein Team wirklich funktioniert, erkennt man auch als Außenstehender schnell: Man muss nur auf den Umgang untereinander achten. Wo Vertrauen, Toleranz, das Betriebsklima und die Bereitschaft, Ziele gemeinsam zu erreichen, stimmen, wird echtes Teamwork gelebt. Meines Erachtens kommt noch eine ganz wichtige Komponente hinzu: die Führungskraft, die Vorbild sein muss.«

  Anmerkung: Stellen Sie sich vor, Sie sind ein erfolgreicher Tennisspieler und Ihr bester Schlag ist der Passierball, wenn Ihr Gegner am Netz steht. Was würden Sie tun, um das Match zu gewinnen? Richtig, Sie würden Ihr Spiel so aufbauen, dass Sie Ihren Gegner so oft wie möglich ans Netz locken, um dann Ihren Paradeschlag zu platzieren. Genauso verhält es sich mit einem Job-Interview: Sie müssen sich immer wieder in eine (Spiel-)Situation bringen, in der Sie Ihre besten Schläge anbringen können.

28. Welche Rolle übernehmen Sie in einem Team?

- – »Ich bin eher der Macher.«
- – »Ich bin eher der Moderator und Coach.«

Anmerkung: Legen Sie sich nicht fest. Es kommt immer auf den Einzelfall an, je nach Situation nehmen Sie unterschiedliche Rollen ein. Machen Sie deutlich, dass Sie ein gutes Gespür für die sich verändernden Anforderungen an ein Team haben und situationsabhängig in verschiedene Rollen schlüpfen können.

+ »Das kommt immer auf die Situation an. Ich kann mich zurückhalten und zuhören, aber ich kann auch neue Ideen einbringen und die Diskussion beleben. Ich setze gern Neues um, aber ich kann auch anderen Hilfestellung geben.«

29. Nach welchen Prinzipien würden Sie ein Team leiten?

– » Ich würde Aufgaben immer eindeutig zuweisen und meinen Mitarbeitern klarmachen, dass ich für sie da bin und dass sie jederzeit zu mir kommen können.«
Anmerkung: Wenn Sie ausführen, wie Sie ein Team leiten würden, legen Sie gleichzeitig den Verdacht nahe, dass dies genau die Punkte sind, die bisher in Ihrem Arbeitsumfeld zu kurz gekommen sind.

+ »Ich würde Aufgaben immer eindeutig zuweisen und meinen Mitarbeitern klarmachen, dass ich für sie da bin und dass sie jederzeit zu mir kommen können. Wissen Sie, ich hatte in der Vergangenheit wirklich gute Vorbilder, von denen ich eine ganze Menge gelernt habe.«

30. Schätzen Sie sich als Führungspersönlichkeit oder als Mitarbeiter ein?

– »Zurzeit bewerbe ich mich bei Ihnen als Personalsachbearbeiterin, aber ich habe schon den Anspruch, demnächst Führungsaufgaben zu übernehmen.«
Anmerkung: Vergessen Sie nicht, für welche Position Sie sich gerade bewerben, und erwecken Sie vor allem nicht den Eindruck, die zu besetzende Stelle sei nur als Sprungbrett für höhere Aufgaben gedacht. Am besten wird es sein, wenn Sie

sich – je nach Situation – mal als Mitarbeiter und mal als Führungskraft sehen. Sie können führen, aber Sie können sich auch führen lassen.

+ »Das kommt ganz auf die Situation an. Ich denke, dass ich beide Rollen sehr gut ausfüllen kann. Auf der eine Seite kann ich sehr gut in einem Team mitarbeiten, auf der anderen Seite traue ich mir aber auch zu, ein Projekt zu leiten und andere in das Team einzubeziehen.«

31. Wie gehen Sie damit um, wenn Sie mit Ihrem Vorgesetzten nicht einer Meinung sind? Äußern Sie Ihre Meinung (öffentlich)?

– »Gibt es so etwas? Na ja, ich würde höflich, aber bestimmt sagen, was ich von seiner Meinung halte.«

Vorsicht bei dieser Frage!

Anmerkung: Bei der Beantwortung dieser Frage müssen Sie besonders vorsichtig sein, unter Umständen haben Sie bereits mit anderen Aussagen oder Ihren Zeugnissen den Verdacht geweckt, dass Sie mitunter Schwierigkeiten mit Vorgesetzten hatten. Signalisieren Sie Selbstbewusstsein und Taktgefühl. Wenn Sie nicht ausdrücklich dazu aufgefordert werden, sollten Sie nicht aus dem »Nähkästchen« plaudern und Beispiele nennen. Fragen wie diese zielen vor allem auf Ihre Loyalität und Konfliktfähigkeit ab.

+ »Zuerst einmal würde ich mich rückversichern, ob ich auch wirklich alles richtig verstanden habe. Sollte es dann trotzdem einmal vorkommen, dass ich noch nicht ganz überzeugt oder gar anderer Meinung bin, so würde ich auf jeden Fall das Gespräch suchen. Allerdings müssen dann der Ort und der Zeitpunkt passen. Ich bin sicher, dass man immer zu einer konstruktiven Lösung kommen kann.«

Arbeitshaltung und Motivation

32. Wie gehen Sie mit Stress um?

− »Stress gehört dazu und bringt mich nicht um.«
Anmerkung: Mit dieser Frage möchte Ihr Gesprächspartner in **Belastbarkeit und** Erfahrung bringen, wie es um Ihre Belastbarkeit bestellt ist **Stresstoleranz** und ob Sie die Anforderungen des neuen Jobs richtig einschätzen können. Vermeiden Sie auf jeden Fall, über eventuelle körperliche Folgen von Stress zu reden, denn das wird als Anzeichen für eine geringe Stresstoleranz betrachtet. Viel besser ist es, wenn Sie davon erzählen, was Sie tun, damit Stress erst gar nicht entsteht, oder wie Sie damit umgehen.

+ »Ich weiß, dass es in jedem Job auch mal hoch hergehen und stressige Situationen geben kann, aber ich habe schon in meinem Studium gelernt, mit Stress umzugehen und einen kühlen Kopf zu bewahren. Für mich ist es wichtig, dass ich die Prioritäten in meinem Aufgabenbereich kenne, meine Zeit richtig plane und auch Luft für Unvorhersehbares lasse und mich richtig entspanne. Deshalb gehe ich zum Beispiel gern Laufen oder ins Fitnessstudio.«
Anmerkung: Welcher Chef freut sich da nicht? Ein Mitarbeiter, der nach Prioritäten fragt und auch noch Luft für Unvorhersehbares einplant … Mit jeder Antwort haben Sie die Chance, kleine »Nuggets« fallen zu lassen, die Ihr Gesprächspartner gern hört und Sie besser dastehen lassen.

33. Wie gehen Sie mit Anweisungen um?

− »Für mich ist ein gutes Verhältnis zu meinem Chef wichtig und dass wir alle an einem Strang ziehen. Dann habe ich keinerlei Probleme damit, Anweisungen entgegenzunehmen und auszuführen.«

Anmerkung: Wenn Sie zwischen den Zeilen lesen, hat unser Bewerber gerade gesagt, dass er für das Ausführen von Anweisungen ein gutes Betriebsklima voraussetzt – andernfalls gibt es Probleme. Egal was Sie antworten, achten Sie immer darauf, dass Sie positiv belegte Worte und Formulierungen verwenden. Wie Sie mit Anweisungen umgehen, ist in diesem Moment eher von sekundärer Bedeutung, vielmehr möchte man von Ihnen wissen, welche Haltung Sie gegenüber Vorgesetzten an den Tag legen.

+ »Ich kann am besten selbstständig arbeiten, wenn ich eine klare Vorstellung davon habe, welche Ziele zu erreichen beziehungsweise welche Aufgaben zu erledigen sind. So gesehen sind Anweisungen und vor allem Feedback sehr wichtig für gute Arbeitsergebnisse.«

34. Wie sieht Ihre Leistungskurve aus? Beschreiben Sie mir das anhand eines typischen Arbeitstages.

– »Ich brauche morgens zuerst eine Tasse Kaffee. Dann bin ich eigentlich immer gut drauf und arbeite meine Aufgaben so ab, wie sie anfallen.«

Anmerkung: Jeder Personaler möchte wissen, wie gut sich der Bewerber selbst kennt und wie sich die Zusammenarbeit im Tagesgeschäft mit ihm »anfühlt«. In den meisten Fällen entscheiden nicht wirklich rationale Gründe darüber, wer am Ende den Zuschlag bekommt. Das subjektive Gefühl bei der Entscheidungsfindung spielt eine viel größere Rolle, als die meisten Kandidaten sich vorstellen können.

+ »Mein typischer Arbeitstag beginnt mit dem Ende des vorherigen Tages. So weit möglich, plane ich kurz vor Feierabend den nächsten Tag. Morgens vor zehn Uhr und nachmittags nach drei Uhr reserviere ich immer Zeit für die wichtigsten Aufgaben des Tages. Das sind die Zeiten, in den ich am leistungsfähigsten bin und meistens auch am wenigsten gestört werde.«

35. Wie organisieren und planen Sie größere Projekte?

– »Das kommt ja darauf an, was man unter größeren Projekten
versteht. Also, im beruflichen Bereich hatte ich aufgrund
meines bisherigen Studiums noch keine Gelegenheit, diesbe-
züglich Erfahrungen zu sammeln. Aber privat habe ich schon
öfter große Projekte organisiert. So zum Beispiel unseren
letzten Umzug: Das war schon toll, wie viele Freunde uns da
geholfen haben, die zahlreichen Umzugskisten zu schleppen
und alles heil in die neue Wohnung zu bringen.«

Anmerkung: Wir wären als Personaler nicht ganz glücklich
mit der Antwort. Zum einen hätten wir nicht nur aus »bloßem
Interesse« und ganz ohne Hintergedanken gefragt, wie Sie
größere Projekte planen und organisieren. In Wirklichkeit
wollten wir natürlich hören, *dass* Sie schon mindestens einmal
erfolgreich größere Projekte im beruflichen Kontext organisiert und geplant haben. Zum anderen haben Sie mit dieser
Antwort auch nicht wirklich erklärt, wie Sie bei Ihrem Umzug
vorgegangen sind, sondern stattdessen »nur« erklärt, dass
dieser letzten Endes geklappt hat. Mit ganz viel Wohlwollen
könnte man Ihnen höchstens zugute halten, dass Sie Freunde
haben, die Ihnen helfen. Womöglich wären Sie allein auch
aufgeschmissen? Und eine oberlehrerhafte Erklärung, dass die
Frage nach »großen Projekten« zu unpräzise sei »weil es
darauf ankommt, was man darunter versteht«, die will ein
Personaler erst recht nicht hören! Damit hätten Sie schon zu
Beginn der Antwort ein schlechtes Gefühl vermittelt – nicht
sehr clever!

+ »Ich denke, größere Projekte lassen sich in vielen Bereichen
des Lebens finden. Sie wissen ja, dass ich frisch von der
Hochschule komme und daher noch nicht die Gelegenheit
hatte, im Berufsleben eigenverantwortlich Projekte zu planen
und zu organisieren. Ich denke jedoch, dass auch ein Studium
in gewisser Weise einem Projekt gleicht: Hier kommt es in
einer besonderen Art und Weise darauf an, Eigenverantwor-

tung zu zeigen, sich immer wieder aufs Neue zu motivieren und Teilziele anzustreben. Genauso würde ich auch meine Vorgehensweise bei meinem Projekt ›Studium‹ bezeichnen: Ich habe mir schon in meinem ersten Studienjahr an der Universität Mannheim vorgenommen, dass ich mein Studium in der Regelstudienzeit beenden werde. Dementsprechend habe ich einen schriftlichen Plan entworfen und genau die Zulassungsvoraussetzungen zum Examen studiert, um zu wissen, welche Prüfungen ich bis dahin ablegen muss. Wie Sie aus meinen Unterlagen ersehen, hat das auch prima geklappt. Ich konnte schon nach acht Semestern mein Studium erfolgreich abschließen. Wenn Sie mich also fragen, was beim Planen und Organisieren großer Projekte wichtig ist, würde ich aus meiner Erfahrung heraus sagen: Man muss das Ergebnis beziehungsweise das Ziel klar vor Augen haben und dann in Zwischenschritte zerlegen. Sicher kann man auch mal vom Plan abweichen, aber das Endziel darf man dabei nicht gefährden. Disziplin und Durchhaltevermögen sind notwendig, damit man sich nicht entmutigen lässt, wenn mal etwas nicht funktioniert. Dabei haben mir auch meine Arbeitsgruppen geholfen. Wir hatten alle das gleiche Ziel, wobei es letzten Endes natürlich jeder für sich allein im Examen umsetzen musste.«

36. Wie teilen Sie sich Ihre Arbeit ein?

– »Ich denke, man kann nicht alles planen im Leben. Wer zu viel plant, der macht sich irgendwo auch unflexibel. In meinem Beruf ist es wichtig, auf unvorhergesehene Ereignisse schnell und unkompliziert reagieren zu können. Daher bin ich dazu übergegangen, mir einen Tagesplan zu erstellen, damit ich nichts Wichtiges vergesse, wenn es mal hektisch wird, und trotzdem flexibel bleibe.«
Anmerkung: Oh, hoppla. Sie sind ohne Tagesplan vergesslich? Ihnen geht manchmal etwas »durch die Lappen«, wenn Sie

keine Gelegenheit haben, es schriftlich zu notieren beziehungsweise sich eine Erinnerung einzurichten? Bei Ihnen wird es täglich hektisch? Sie halten nichts von Plänen mit Hand und Fuß? Diese Interpretation mag Ihnen jetzt ein wenig überspitzt vorkommen, aber vielen Bewerbern ist gar nicht bewusst, was sie da eigentlich erzählen und über sich aussagen. Versetzen Sie sich in die Lage des Personalers: Was hofft dieser zu hören? Und können Sie ihm diesen Wunsch vielleicht sogar erfüllen?

+ »In meinem Studium habe ich bemerkt, dass es manchmal schwierig ist, den Überblick zu behalten, wenn man viele Aufgaben hat. Seither bin ich diszipliniert dazu übergegangen, schriftliche Pläne zu erstellen: Wochenpläne und auch Tagespläne. Es gefällt mir, wenn auf diese Art und Weise alles gut organisiert ist und man am Ende des Tages schwarz auf weiß sieht, was alles erfolgreich erledigt wurde. Ich denke, jeder Mensch weiß, wann er am leistungsfähigsten ist. Man sagt ja zum Beispiel, die Kreativen seien eher Nachtarbeiter. Bei mir ist es so, dass ich meine wichtigsten Aufgaben gern gleich morgens angehe. Auf diese Art und Weise kann mir bei meinen obersten Prioritäten nicht die Zeit davonlaufen. Und da ich ohnehin ein Morgenmensch bin, passt das sehr gut.«

37. Wie halten Sie sich beruflich fit?

– »Ich denke, es ist sehr wichtig, dass man tagtäglich dazulernt. Es begegnen einem jeden Tag aufs Neue Dinge, die man so noch nicht gemacht oder gewusst hat. Und natürlich kann man auch untereinander profitieren und lernen. Kontinuierliche Weiterbildung ist sehr wichtig, um am Ball zu bleiben.«
Anmerkung: Na, das ist ja schön. Sie lernen jeden Tag aufs Neue hinzu? Bedeutet das, dass Sie tagtäglich viele Wissenslücken aufweisen? Ganz ehrlich: Wir glauben auch, dass man jeden Tag ein bisschen besser werden kann. Indem man zum Beispiel neue Aufgaben übernimmt und immer wieder aufs Neue über seinen Schatten springt. Wer dagegen tagtäglich das

Gleiche tut, der wächst nicht über sich hinaus, sondern macht sogar Rückschritte. Dennoch sollten Sie Ihre Antwort diplomatischer verpacken und weniger riskante Aussagen machen.

– »Hm ... ich glaube, dass es heutzutage wichtiger denn je ist, über einen guten Abschluss zu verfügen und sich ständig weiterzuentwickeln. Gerade in Krisenzeiten ist die beste Garantie gegen die Arbeitslosigkeit eine gute Ausbildung und permanente Weiterbildung. Daher bin ich stets daran interessiert, Neues hinzuzulernen, und würde auch gern an Weiterbildungsmaßnahmen hier im Unternehmen teilnehmen.«

Ein klassischer Fehler

Anmerkung: Mit dieser Antwort wurde einer der klassischen Fehler im Vorstellungsgespräch begangen. Was denken Sie: Für wen interessiert sich der Personaler am meisten? Für Sie und Ihre krisensichere Ausbildung oder für sich und sein Unternehmen? Kleiner Tipp: in erster Linie für Letzteres! Klar kommt es ihm dabei darauf an, dass er einen Mitarbeiter findet, der gut aus- und weitergebildet ist. Aber Sie dürfen nicht ständig sich selbst in den Vordergrund stellen. Es geht im Vorstellungsgespräch darum, dass Sie das Wohl des Unternehmens im Auge behalten. Ihre persönliche Selbstabsicherungsstrategie für die Krise interessiert hier niemanden!

+ »Oh, darüber wollte ich mit Ihnen auch noch sprechen. Das passt ja prima. Ich denke, dass berufliche Weiterbildung ein sehr wichtiges Thema ist. Man weiß ja, dass Fachwissen gerade in unserem Beruf sehr schnell veraltet, weil es sehr viele neue Entwicklungen gibt. Im Prinzip fällt es mir leicht, mich auf dem Laufenden zu halten, weil ich mich auch privat sehr gern mit Themen rund um die Programmierung beschäftige. Das ist ja nun ein Thema, das sich überall wiederfindet: Die meisten Bekannten, Freunde und die Familie sind froh, wenn sie jemanden haben, der sich damit auskennt, und stellen einem ständig mehr oder weniger fachmännische Fragen. Ich pflege aber auch den Austausch mit anderen Experten auf diesem Gebiet, indem wir uns zum Beispiel in Internet-Foren gegenseitig über die neuesten Entwicklungen informieren.

Man könnte wahrscheinlich sagen, dass mein Beruf meine Berufung ist und ich mich ohnehin über die Arbeitszeit hinaus damit beschäftige. Darüber hinaus gibt es einige Möglichkeiten, sich in entsprechenden Schulungen über den Fortschritt der Technik zu informieren. In meinem alten Unternehmen haben wir sehr gute Erfahrungen mit einem Mitarbeiter-schulen-Mitarbeiter-Programm gemacht. Fortbildung ist ja meist auch teuer und auf diese Art und Weise kann man sich kostengünstig gegenseitig weiterbringen. Haben Sie damit in Ihrem Unternehmen auch schon Erfahrungen gesammelt?«

38. Wie motivieren Sie sich selbst?

– »Ich liebe meinen Beruf. Deshalb fällt es mir auch nicht schwer, mich zu motivieren.«
Anmerkung: Das glauben wir Ihnen gern, aber die Antwort überzeugt nicht wirklich. Erzeugen Sie Bilder im Kopf Ihres Gesprächspartners. Es ist völlig in Ordnung, wenn Sie Beispiele aus dem normalen Berufsalltag beschreiben. Wichtig ist nur, dass der Personaler eine bessere Vorstellung von Ihnen bekommt.

+ »Am besten motiviere ich mich, wenn ich meine gesteckten Ziele erreiche. Ich weiß, das wird wahrscheinlich jeder sagen, aber ich meine etwas anderes: Es geht gar nicht so sehr um das große Endziel, sondern um die vielen kleineren Teilziele, die ich mir selbst gesteckt habe. Meilensteine sozusagen.«

39. Warum verdienen Sie eigentlich nicht mehr in Ihrem Alter beziehungsweise bei Ihrer Fachkompetenz?

– (Unsicheres Lächeln) »Ja, also, es ist in der heutigen Zeit nicht einfach, über Geld zu verhandeln. Und mir hat mein Job immer viel Spaß gemacht. Geld ist ja auch nicht alles.«
Anmerkung: Stellen Sie sich einmal vor Ihrem inneren Auge die Körpersprache des Kandidaten bei dieser Antwort vor. Das unsichere Lächeln, ein Schulterzucken, ein roter Kopf. Der Personaler testet mit solch einer Frage Ihre Selbstsicherheit

oder gar Selbstbeherrschung. Auch stellt sich in diesem Zusammenhang die Frage, was Sie denn stattdessen bei der Arbeit motiviert, sofern es nicht das Gehalt ist. Darüber hinaus wäre es interessant, zu erfahren, wie Sie mit Kritik umgehen und wie es um Ihre Frustrationstoleranz bestellt ist.

\+ »Wie Sie sehen, bin ich ja nun viele Jahre in dem Unternehmen tätig gewesen. Ich habe dort unmittelbar nach meinem Studium begonnen und mich stetig nach oben gearbeitet. Leider gingen in der Tat nicht mit jedem Karriereschritt die entsprechenden Gehaltssteigerungen einher. Ich habe das nie als großen Nachteil empfunden, weil mich nicht das Finanzielle motiviert hat, sondern mich vielmehr die neue Aufgabe reizte. Verbunden mit den entsprechenden Karriereschritten konnte ich meine Fachkompetenz immer weiter ausbauen und verfüge heute über ein hervorragendes Wissen und Können im Bereich Vertrieb, insbesondere im osteuropäischen Raum. So gesehen habe ich zwar einige Jahre finanziell weniger profitiert, gerade weil der osteuropäische Markt anfangs als sehr unsicher galt, habe dafür aber umso mehr in fachlicher Hinsicht gewonnen. Man könnte auch sagen, dass ich dadurch kontinuierlich meinen Marktwert erhöht habe.«

Machen Sie aus einer Schwäche eine Stärke

Anmerkung: Perfekt! Sie haben aus einer vermeintlichen Schwäche (nicht das passende Gehalt aushandeln zu können) eine Stärke gemacht. Sie haben gezeigt, dass Sie langfristig agieren und Zielen folgen können, auch wenn dafür Durststrecken nötig sind. Gleichzeitig haben Sie deutlich gemacht, dass Sie Ihren Marktwert heute ganz genau kennen und sich in keinster Weise provozieren lassen.

40. Hätten Sie gern den Stuhl Ihres Vorgesetzten?

– »Klar, wer will nicht weiterkommen?«
Anmerkung: Antworten wie diese sind kritisch und können auch dann, wenn sie nicht ganz ernst gemeint waren, falsch verstanden werden.

+ »Das ist eine ungewöhnliche Frage. (Pause) Wenn Sie damit meinen, welche Ziele ich für die kommenden Jahre habe, möchte ich etwas weiter ausholen. Zuerst möchte ich so schnell wie möglich in meinem neuen Aufgabengebiet Fuß fassen und die Aufgaben so gut wie möglich erledigen. Ich bin sicher, dass im Laufe der Zeit noch die eine oder andere interessante Aufgabe hinzukommt. Sollten sich zu einem späteren Zeitpunkt Entwicklungsmöglichkeiten für mich ergeben, dann freue ich mich darüber sehr.«

Anmerkung: Zuerst einmal möchte man die aktuelle Stelle neu besetzen. Es wäre also das falsche Signal, wenn Sie bereits jetzt nach neuen Positionen Ausschau halten würden. Beachten Sie bitte, dass diese Frage auch in Richtung Beständigkeit, Loyalität und Ihr Verhalten gegenüber Vorgesetzten geht.

41. Haben Sie bei einer Tätigkeit schon einmal mehr geleistet, als man von Ihnen erwartet hat? Was hat Sie zu dieser Mehrleistung motiviert? Hat es sich gelohnt?

− »Natürlich! Schon mehr als einmal! Vor Kurzem habe ich den Vorschlag gemacht, die Reisekostenabrechnung erheblich zu vereinfachen. Aber in meiner jetzigen Stelle wird so etwas einfach nicht belohnt und ein solches Engagement der Mitarbeiter nicht gern gesehen. Das ist auch immer eine Frage des Führungsstils und der Unternehmenskultur. Das ist übrigens einer der Gründe, warum ich mich beruflich verändern will.«

Anmerkung: Je nach Situation können Sie auch Beispiele nennen, die nicht direkt etwas mit den Berufsleben zu tun haben. Sie vermeiden dann fachspezifisches Nachfragen und müssen nicht über Ihren bisherigen Arbeitgeber sprechen – wenn sich die Chance ergibt, wollen Sie diesen ja gerade verlassen. Im Wesentlichen kommt es bei der Beantwortung dieser Frage auf Eigenschaften wie Selbstmotivation, Durchhaltevermögen, Zielstrebigkeit, Begeisterungsfähigkeit und die Fähigkeit an, Prioritäten zu setzen. Wenn Sie von einem Projekt erzählen, das Ihnen besonders viel bedeutet und Spaß gemacht hat, dann sollten Ihr Blickkontakt, Ihre Stimme und Ihre Körpersprache das auch signalisieren.

+ »Oh, das ist eine interessante Frage. (Pause) Ich war als Schüler ein Jahr für die Anzeigenkunden unserer Schülerzeitung verantwortlich und habe im Anschluss daran die Chefredaktion für zwei Jahre übernommen. Das habe ich sehr gern gemacht, denn da hatte man wirklich etwas in der Hand, wenn eine neue Ausgabe fertig war. Ob sich das gelohnt hat? Ja, unbedingt. Während meines Studiums habe ich dann zusammen mit anderen Kommilitonen Unternehmerabende organisiert, wo Studenten und Unternehmensvertreter miteinander diskutieren konnten. Das war schon erheblich schwieriger, weil die Vorlesungspläne sehr vollgepackt sind und man allein mit der Terminabstimmung und der Raumverfügbarkeit vor große Herausforderungen gestellt wird. Rückblickend betrachtet waren das aber die interessantesten Veranstaltungen neben dem Studium.«

42. Sind Sie bereit, Überstunden zu leisten?

– »Klar, ich weiß doch, wie das Tagesgeschäft aussieht. Überstunden sind für mich kein Problem.«
Anmerkung: Vorsicht, niemand macht wirklich gern Überstunden, es sei denn, in seinem Privatleben ist nichts los. Darüber hinaus sollten Sie auch nicht den Eindruck erwecken, Sie könnten Ihren Tagesablauf nicht richtig steuern oder Wichtiges nicht von weniger Wichtigem unterscheiden.

+ »Grundsätzlich bin ich bestrebt, meine Aufgaben in der zur Verfügung stehenden Zeit zu erledigen. Das Prozedere im Vorfeld sauber zu planen und Prioritäten zu erkennen sind dafür wichtige Voraussetzungen. (Pause) Wissen Sie, ich suche eine Herausforderung, bei der ich mich einbringen und entwickeln kann. Und so, wie es sich anhört, bieten Sie mir hier eine sehr interessante Aufgabe an. Ich weiß aber auch, dass man nicht jeden Arbeitstag von 9 bis 17 Uhr durchplanen kann und deshalb flexibel sein muss. Ich habe mich im Vorfeld mit meiner Frau (Mann, Freund etc.) über diese Aufgabe unterhalten und uns ist beiden klar, dass eine wirkliche Herausforderung im Beruf genauso wichtig ist wie gute Beziehungen und sinnvoll gestaltete Freizeit.«

Freizeitaktivitäten und persönlicher Hintergrund

Ihre Freizeitaktivitäten sagen etwas über Ihre Persönlichkeit aus und sind für Ihren Gesprächspartner deshalb von besonderem Interesse. Allerdings ist an dieser Stelle anzumerken, dass Fragen nach Ihrem privaten Umfeld gar nicht zulässig sind. In der Praxis ist es allerdings so, dass Sie sich mit einem Hinweis auf die Unzulässigkeit nicht aus der Affäre ziehen können, da Sie sehr wahrscheinlich mit Nachteilen für den weiteren Gesprächsverlauf rechnen müssen. In den meisten Fällen werden Sie also nicht umhinkommen, eine aus Ihrer Sicht vertretbare Antwort zu geben. Mit vertretbar meinen wir, dass Ihnen Ihre Antwort von Nutzen sein soll. Erfahrene Personaler kennen ihre Grenzen und werden diese nicht überschreiten, sie wissen aber auch, wie sie mit anderen Fragestellungen zum Ziel kommen.

43. Was ist Ihnen in Ihrem Leben wichtig?

– »Gesundheit, eine herausfordernder Job und gesunde Beziehungen.«
   Anmerkung: Das ist eine durchaus geeignete Antwort, die in die richtige Richtung geht, Sie sollten aber aufgrund der Tragweite dieser Frage ein wenig weiter ausholen und das Bauchgefühl direkter ansprechen. Ihr Gesprächspartner möchte Sie besser kennenlernen, das ist ein gutes Zeichen.

Nicht zu viel Privates!

Vergessen Sie aber nie, dass Sie sich in einem Job-Interview befinden, und erzählen Sie nicht zu viel über Ihre private Seite.

+ »(Pause) Ich mag meinen Beruf und ich liebe meine Familie (je nach persönlicher Situation, es können auch Ihre Freunde sein). Diese beiden Bereiche sind für mich sehr wichtig und sollen sich ergänzen. Ich suche einen Job, der mich fordert, wo ich etwas lerne und wo ich mich wirklich einbringen kann. Auf der anderen Seite brauche ich aber auch mein privates Umfeld, auf das ich mich verlassen und in dem ich am besten regenerieren kann.«

44. Welche Vorbilder haben Sie?

– »Vorbilder? Im Moment fallen mir eigentlich keine ein. Ich denke, ich gehe einfach lieber meine eigenen Wege.«

– »Meine Eltern und größeren Geschwister waren und sind mir in vielfacher Hinsicht Vorbilder.«
Anmerkung: Die Antwort auf die Frage nach Ihren Vorbildern sagt einiges über Sie aus und macht darüber hinaus auch den Weg für intensives Nachfragen frei. Wenn Sie auf Fragen wie diese nicht aufschlussreich antworten wollen, sollten Sie auf jeden Fall freundlich bleiben.

+ »Vorbilder – sagen wir es einmal so: Es gibt Menschen, die mich sehr beeindruckt haben, weil ich von ihnen sehr viel gelernt habe. Ich erinnere mich da gern an meinen Berufsschullehrer, der mich erst so richtig für einen technischen Beruf begeistert hat. Er war für mich auch der Grund, weswegen ich nach meiner Berufsausbildung noch studiert habe.«
Anmerkung: Wenn es irgendwie möglich ist, sollten Sie Beispiele nennen, aus denen sich Ihre besondere Eignung für den Job ableiten lässt.

45. Wie verbringen Sie am liebsten Ihre Freizeit?

–   »Meine Hobbys sind Motorradfahren, Tauchen und Skifahren, ich liebe die Natur und kann mich draußen am besten entspannen.«
     Anmerkung: Ihre Hobbys oder Aktivitäten sollten nicht im Widerspruch zu der angestrebten Aufgabe stehen und weder gefährlich noch besonders zeitaufwendig sein. Am besten wird es sein, wenn Sie Ihre Interessen mit der Regeneration und der Pflege sozialer Kontakte in Verbindung bringen. Tragen Sie nicht zu dick auf, indem Sie den Eindruck vermitteln, Sie würden rund um die Uhr nur an Ihren Job denken.

+   »In der Freizeit kommt es für mich darauf an, zu regenerieren und Zeit mit meiner Familie oder Freunden zu verbringen. Wir veranstalten dann zum Beispiel Radtouren oder treffen uns zum Schwimmen oder im Winter auch mal zum Skilanglauf.«

46. Welche Hobbys haben Sie?

–   »Ich habe keine Hobbys.«
–   »Meine Hobbys sind Surfen, Skifahren, Bergsteigen, ins Kino gehen, reisen, mein Hund Charlie und …«
     Anmerkung: Hobbys runden das Bild des Bewerbers ab und lassen Rückschlüsse auf seine Persönlichkeit zu. Achten Sie also darauf, dass Ihre Hobbys Ihre Bewerbung unterstützen und nicht sabotieren. Nehmen wir an, Sie schwimmen gern und leiten darüber hinaus sogar eine Trainingsgruppe. Richtig in Szene gesetzt, könnte das für den Personaler bedeuten, dass Sie einen Drang zur Führung haben und zum Beispiel gern mit anderen Menschen zusammen sind. Zwei Dinge sollten Sie auf keinen Fall tun: zu viele Hobbys haben oder schwindeln. Beides wird Sie mit hoher Wahrscheinlichkeit aus dem Rennen werfen.

Hobbys in Maßen

+   »Meine Hobbys sind mir sehr wichtig, denn da kann ich mich so richtig entspannen. Wissen Sie, ich war früher selbst aktiver Schwimmer und bin dem Sport bis heute verbunden geblieben.«

Heute schwimme ich ein bis zwei Mal in der Woche. Abends lese ich dann oft noch ein paar Seiten vor dem Einschlafen.«

47. Welches Buch haben Sie zuletzt gelesen?

+ »Ich bin eine richtige Leseratte. Hm, welches Buch ich gerade lese …«

Anmerkung: Wenn Sie bei der Frage nach Ihren Hobbys gesagt haben, dass Sie gern lesen, und nun keine überzeugende Antwort geben können, steuern Sie wahrscheinlich gerade auf ein Problem zu. Wir gehen davon aus, dass Sie tatsächlich hin und wieder ein Buch lesen, am besten zwei. Sie sollten immer einen Titel nennen können, der Sie beruflich oder persönlich weiterbringt, und einen Titel, den Sie zur Entspannung lesen (zum Beispiel einen Roman oder eine Biografie).

48. Verreisen Sie gern im Urlaub oder verbringen Sie Ihre Zeit lieber zu Hause?

– »Ganz ehrlich? Am liebsten liege ich einfach eine Woche am Strand und tue gar nichts.«

– »Ich verbringe meine Zeit am liebsten zu Hause, da gibt es immer etwas zu tun.«

Anmerkung: Alternativfragen erwecken den Eindruck, dass die Auswahlmöglichkeiten begrenzt sind, und zwingen Sie, sich festzulegen und Position zu beziehen. Mit Ihrer Antwort laden Sie Ihren Gesprächspartner unter Umständen ein, Sie in die Enge zu treiben, sodass Sie sich rechtfertigen müssen. »Ach, Sie bleiben lieber zu Hause. Interessieren Sie sich denn gar nicht für andere Kulturen?«

+ »Das ist unterschiedlich und kommt ganz darauf an, worauf wir/ich gerade Lust habe/n und wie die Rahmenbedingungen aussehen. Das kann mal eine Städtereise oder ein Strandurlaub sein oder aber intensive Radtouren von zu Hause aus. In der näheren Umgebung gibt es ja auch immer viel zu entdecken.«

49. Gibt es Bereiche, in denen Sie sich besonders engagieren?

– »Ich denke, alles, was ich anfasse, mache ich richtig. Ich vertrete die Auffassung ›ganz oder gar nicht‹. Nur halbherzig die Dinge anzugehen entspricht nicht meiner Art. Besonderes Interesse bringe ich für die Jugendsportförderung mit. Ich trainiere die Kinderfußballmannschaft in meiner Gemeinde.«
Anmerkung: Na, da wurden ja mal wieder fleißig Phrasen gedroschen. »Ganz oder gar nicht« ist eine Aussage, die Sie, wenn Sie sie überhaupt machen wollen, auch belegen können müssen. Woraus schließen Sie diese Charaktereigenschaft?

+ »Ich finde es wichtig, dass man, vor allem wenn es einem gut geht, der Gesellschaft etwas zurückgibt. Deshalb sollte sich jeder freiwillig auf irgendeine Art und Weise sozial engagieren. Man kann ja durchaus im Kleinen Gutes tun und das zum Beispiel auch seinen Kindern vermitteln. Unsere Kinder packen jedes Jahr an Weihnachten und Ostern ein paar ihrer Spielsachen zusammen und wir schenken diese dem örtlichen Kindergarten oder dem Kinderheim. Das haben wir schon vor Jahren eingeführt und ich glaube, dass wir dadurch ihr soziales Verantwortungsbewusstsein stärken. Ich selbst engagiere ich mich schon seit sieben Jahren im örtlichen Fußballverein und trainiere dort die ganz Kleinen, um Ihnen den Spaß an der Bewegung und am Mannschaftssport näherzubringen. Damit tue ich Gutes und habe selbst übrigens auch jede Menge Spaß daran.«　**Gute Antwort, aber waghalsig**
Anmerkung: Diese Antwort ist gut, aber dennoch ein bisschen waghalsig. Ahnen Sie, warum? Die Antwort wäre ohne den Hinweis, dass man sich selbst ebenfalls engagiert, nicht gut gewesen. Auch findet sich hier kein Hinweis, dass man sich im beruflichen Kontext engagiert. Wohl gibt die Antwort aber sehr schön Auskunft über die soziale Grundeinstellung.

50. Wie sieht Ihre aktuelle Lebenssituation aus?

- »Bitte haben Sie Verständnis dafür, aber ich möchte Berufliches und Privates auseinanderhalten.«
   Anmerkung: Die Frage ist für Frauen heikler als für Männer, sie zielt auf die Familienplanung ab. Fragen wie diese sind unzulässig und unfair, aber auf die eine oder andere Art und Weise werden sie doch gestellt. Sie müssen für sich selbst eine Entscheidung treffen, wie weit Sie hier mit offenen Karten spielen wollen. Je nach Situation kann es von Vorteil sein, im Raum stehende Fragen zu beantworten, bevor sie wirklich gestellt wurden.
- »Ich bin sicher, Privates und Berufliches sehr gut unter einen Hut zu bekommen. So, dass ich in meinem Job die beste Leistung bringen kann. Deshalb bin ich heute hier, nämlich um Sie von meinem Können und meiner Person zu überzeugen.«
+ »Zurzeit und auch in den nächsten fünf Jahren möchten mein Partner und ich keine Kinder haben. Was dann kommt, kann ich heute noch nicht genau sagen. Jetzt freue ich mich erst einmal auf eine wirklich herausfordernde Aufgabe.«

51. Was macht Ihr Mann/Ihre Frau beruflich und wo?

- »Ich dachte bisher, dass Sie mit mir über meine berufliche Qualifikation sprechen wollten, aber jetzt stellen Sie mir sehr persönliche Fragen. Darauf antworte ich nicht.«
   Anmerkung: Noch einmal: Sie müssen Fragen wie diese nicht beantworten. Sollten Sie trotzdem antworten wollen, so dürfen Sie sogar die Unwahrheit sagen, ohne später Angst vor einer fristlosen Kündigung haben zu müssen. Hierzu gibt es eindeutige Urteile der Arbeitsgerichte. Wenn Sie nicht antworten möchten, weisen Sie freundlich darauf hin und nennen Sie die Gründe, warum Sie die Frage nicht beantworten möchten. Bitte lesen Sie hierzu auch das Kapitel »Souveräner Umgang mit unerlaubten Fragen«.

+   »Ich tue mich im Moment schwer damit, zu erkennen, warum diese Frage für Sie von Interesse ist. Bitte erläutern Sie doch kurz den Hintergrund Ihrer Frage.«

+   »Mein Lebensgefährte arbeitet in der Fertigungssteuerung eines Familienbetriebes. Die Branche, in der er tätig ist, ist so klein und überschaubar, da kennt jeder jeden. Sie können sicher sein, dass wir im Vorfeld meiner Bewerbung bei Ihnen ausführlich über meine beruflichen Absichten gesprochen haben …«

52. Welche Einstellung hat Ihr Lebenspartner zu Ihren beruflichen Plänen?

–   »Ich habe mit meinem Partner noch gar nicht über meine Bewerbung gesprochen, denn ich wollte erst einmal abwarten, was aus der Sache wird.«

Anmerkung: Oh, Sie sind selbst noch nicht ganz überzeugt? Wie bereits zuvor geschrieben, sind diese Fragen nicht zulässig. Wenn Sie aber das Gesprächsklima nicht vergiften wollen … Es kann durchaus vorkommen, dass Ihr Partner – aus welchen Gründen auch immer – von Ihren beruflichen Plänen nicht sonderlich begeistert ist, Personaler werden daraus aber ableiten, dass Ihre Leistungsfähigkeit oder Flexibilität unter Umständen eingeschränkt ist. Folglich sollten Sie eine andere Strategie wählen.

+   »Natürlich habe ich mit meinem Partner im Vorfeld gesprochen und meine Zukunftspläne mit ihm diskutiert. Wir wissen beide, dass diese Aufgabe auch Geschäftsreisen beinhaltet, aber in den meisten Fällen lassen sich die Termine ja sehr gut planen und wir können uns darauf einstellen. Ich bin wirklich glücklich darüber, dass mein Partner mich bei meinem Job so gut unterstützt und mir den Rücken freihält.«

Anmerkung: Wir haben Verständnis dafür, wenn Sie jetzt denken: »Ganz schön dick aufgetragen, das passt nicht zu mir.« Wir möchten Ihnen aber auf diesem Wege aufzeigen, dass Sie Aussagen machen müssen, die positive Assoziationen wecken.

Fragen zu Ihrer Ausbildung

Ihre Ausbildung ist die Quelle des Flusses, der Sie bis hierhin gebracht hat. Sie sollten Ihrer Ausbildung gegenüber positiv eingestellt sein und zum Ausdruck bringen, dass Sie den gleichen Weg noch einmal gehen würden. Natürlich kann es sein, dass Sie das eine oder andere anders machen würden, aber tendenziell sind Sie konsequent Ihren Weg gegangen und rückblickend noch immer überzeugt von Ihrer Entscheidung.

53. Warum haben Sie sich für diese Ausbildung/dieses Studium entschieden?

Ihr Beruf sollte Ihre Berufung sein

– »In unserer Familie gibt es, könnte man sagen, eine lange Tradition. Ich habe nicht wie viele meiner damaligen Schulkollegen aus Verlegenheit dieses Fach studiert. Schon mein Großvater und mein Vater waren Juristen. Also kam ich mit diesem Beruf schon in meiner Jugend in Berührung und es wurde bald klar, dass das ebenfalls mein Weg werden würde.«
Anmerkung: Machen Sie niemals eine bestimmte Ausbildung oder studieren Sie ein bestimmtes Fach beziehungsweise ergreifen Sie einen bestimmten Beruf, weil Ihre Eltern das für »richtig« halten oder es einer Familientradition entspricht. Ist es dafür schon zu spät, weil Sie bereits genau das getan haben, dann überlegen Sie sich zumindest jetzt, was Sie wirklich wollen. Als glaubhafte Begründung reicht eine solche Erklärung jedenfalls nicht aus. Ihr Beruf sollte Ihre Berufung sein, und zwar aus eigenem Antrieb und aus eigenen Motiven heraus.

+ »Es ist ja nicht ganz einfach, als junger Mensch eine solch weitreichende Entscheidung zu treffen. Rückblickend betrachtet denke ich, dass ich auch ein bisschen Glück hatte, dass ich an einer anerkannten Universität studieren konnte und das Studium auch tatsächlich meinen Vorstellungen entsprochen hat. Was mich von vornherein bestärkt hat, war mein Ziel,

Rechtsanwalt zu werden. Dafür war das Studium nun mal Voraussetzung und daher fiel es mir durchaus leicht, am Ball zu bleiben und mein Studium zügig durchzuziehen. Mein Ziel war ja nicht, Student zu sein, sondern eben diesen Beruf ausüben zu können. Diesen Beruf schreibt das Leben. Man lernt viele Menschen und ihre Problemstellungen kennen. Das hat mich schon immer sehr fasziniert; auch damals in meinen Praxissemestern.«

54. Sind Sie während Ihres Studiums auch noch anderen Aktivitäten nachgegangen?

– »Na ja, Sie kennen ja das Studentenleben. Da ist man froh, sein eigener Herr zu sein und nicht mehr zu Hause zu wohnen, und das nützt man aus und ist irgendwie dauernd unterwegs.« **Anmerkung:** Was, glauben Sie, will der Personaler hier »abfragen«? Natürlich nicht Ihre Freizeitgewohnheiten. Ihn interessiert, ob Sie sich neben Ihrem Studium engagiert haben und welche »guten« Eigenschaften man daraus ableiten könnte. Oft wird in diesem Zusammenhang von unseren Klienten gefragt, ob man angeben sollte oder darf, dass man zur Finanzierung des Lebensunterhalts gearbeitet hat, einem Minijob nachgegangen ist etc. Die Antwort lautet: Ja, natürlich. Ideal ist es, wenn Sie einen Job hatten, der den roten Faden in Ihrem Lebenslauf bestätigt. Zum Vergleich: Eine angehende Fremdsprachenkorrespondentin sollte idealerweise in genau diesem Umfeld jobben und nicht gerade im Supermarkt Regale einräumen. Auf diese Art und Weise lernt sie bei ihrem Nebenverdienst auch fachlich hinzu. Wer einem Job nachging, der fachlich nichts mit der Ausbildung zu tun hatte, der sollte darlegen können, inwieweit er dennoch Erfahrungswissen sammeln konnte. Wurden beim Jobben wichtige Schlüsselqualifikationen entwickelt? Ist der Nebenverdienst ein Zeichen von Motivation, Engagement, Selbstverantwortung, Durchhaltevermögen? Warum? Neben dem finanziellen

Der rote Faden in Ihrem Lebenslauf

Aspekt machen sich Engagements in studentischen Verbänden, studentischen Unternehmensberatungen etc. natürlich ohnehin besonders gut!

+ »Nun ja, das Schöne am Studentenleben ist unter anderem, dass man sehr flexibel agieren und sich viel Zeit frei einteilen kann. Da ich aber auch neu in der Stadt war, ich stamme ja ursprünglich aus Stuttgart, habe ich von vornherein darauf geachtet, neue Leute kennenzulernen und auch Zugang zu älteren Semestern, den alten Hasen, zu bekommen. Tatsächlich konnte ich von ihnen viele wertvolle Tipps fürs Studium bekommen. Ich habe mich dann ab meinem zweiten Semester in der Studentenvertretung der Uni engagiert. Ich war zusammen mit anderen Mitgliedern hauptsächlich dafür zuständig, praxisorientierte Veranstaltungen für die Studenten zu organisieren. Man wirft dem Studium ja immer wieder vor, es sei zu theoretisch. Und da haben wir selbstständig für den Praxiseinblick gesorgt, indem wir …«

55. Mit welchen Fächern haben Sie sich am liebsten beschäftigt?

– »Ich habe mich zum Glück für alles interessiert. Dieses Studium war einfach meine Berufung!«
Anmerkung: Sie müssen sich nicht als den Superhelden präsentieren. Es ist ohnehin nicht glaubwürdig, dass jemand Jahre des Studiums oder der Ausbildung in vollkommener Glückseligkeit verbringt. Man möchte Sie besser kennenlernen. Dafür ist es notwendig, dass Sie etwas über sich preisgeben und von sich erzählen können.

+ »Zu Beginn des Studiums weiß man noch nicht so ganz genau, was einem am meisten Spaß macht und am stärksten interessiert. Ich denke, die Schwerpunkte kristallisieren sich dann spätestens nach dem Grundstudium heraus, wenn man einen guten Überblick bekommen hat und über fundiertes Basiswissen verfügt. Bei mir hat dann auch das entsprechende Praxissemester die Erleuchtung gebracht, dass ich mich insbesondere für … interessiere. In diesem Bereich konnte ich am besten meine Stärken zum Einsatz bringen wie …«

56. Welche Fächer haben Ihnen wenig »Vergnügen« bereitet?

- »Ach, man hat ja hin und wieder einen kleinen Durchhänger. Aber wenn es insgesamt das richtige Studium ist, gibt es eigentlich kein schlechtes Fach.«
  Anmerkung: »Eigentlich kein schlechtes Fach«? Achten Sie auf Ihre Sprache. Wer schwächende Formulierungen wie »eigentlich« oder »ich versuche« wählt, der wirkt wenig überzeugend. **Vermeiden Sie schwächende Formulierungen**

- »Ich denke, das hängt auch mit dem Dozenten zusammen. In der Schule fand ich Mathematik viele Jahre schrecklich. Doch als wir einen neuen Lehrer bekamen, sah das ganz anders aus. Im Studium erging es mir ähnlich …«
  Anmerkung: Vorsicht! Die Mathematikgeschichte haben wir schon alle einmal erlebt und gehört. Erwecken Sie nicht den Eindruck, dass Sie Ihre Motivation von außen nehmen. Es kommt darauf an, dass man sich selbst motivieren und begeistern kann. Ganz unabhängig von anderen. **Selbstmotivation ist wichtig**

+ »Tatsächlich habe ich mich einmal verwählt. Man kann ja im Studium einige Wahlfächer nehmen, um dann darin auch einen Schein abzulegen. Und natürlich sollten die Wahlfächer den eigenen Neigungen entsprechen, ist doch klar. Und da habe ich mich einmal durchaus ›vergaloppiert‹, wie man so schön sagt. Glücklicherweise habe ich das schon nach zwei Monaten bemerkt. Das Fach ›Aktienrecht‹ war nämlich ganz und gar nicht meines, weil …«
  Anmerkung: Durch die Abwälzung des unliebsamen Fachs auf ein Neben- und Wahlfach haben Sie deutlich gemacht, dass diese Antipathie keinerlei Auswirkung auf Ihre heutige Fachkompetenz hat. Noch dazu wurde klar zum Ausdruck gebracht,

dass Sie den Irrtum schnell bemerkten und durch die anschlie-
ßende Wahl des »richtigen« Fachs wettmachen konnten.

57. Haben Sie sich allein oder mit anderen zusammen auf die Abschlussarbeiten vorbereitet?

– »Sowohl als auch. Ich brauche allerdings Ruhe, um mich konzentrieren zu können. Richtig gelernt habe ich daher zu Hause.«
Anmerkung: Diese Antwort ist sehr kurz und die Aussage daher deutlich. Man kann aber auch eine längere Aussage tätigen und am Ende trotzdem mit einer solchen Quintessenz dastehen. Fragen Sie sich erneut: Warum wird eine solche Frage gestellt? Was will man über Sie erfahren? Uns fallen spontan die Stichworte ein: Teamfähigkeit, die eigene Rolle in Teams, Aufteilung von Teamaufgaben, Zielstrebigkeit, Auftei-lung in Teilziele, komplexe Aufgaben bewältigen, Kommuni-kationsfähigkeit etc. Sind Sie ein Teamplayer oder ein Einzel-kämpfer?

+ »Wir haben schon ab dem vierten Semester eine kleine Lerngruppe gebildet. Und zum Glück sind wir auch alle bis zum Examen dabeigeblieben. Insofern waren wir schon ein eingespieltes Team, als es auf die Abschlussarbeiten zuging. Wir sind dann folgendermaßen vorgegangen ...«

Fragen zu Ihrer Berufserfahrung oder zu Ihrem Werdegang

58. Wie beurteilen Sie Ihren Lebenslauf?

– »Gut. Ich denke, ich habe im Wesentlichen einen roten Faden verfolgt. Das hängt damit zusammen, dass ich immer schon wusste, was ich will, und meine Ziele konsequent verfolgt habe.«

Anmerkung: Es geht hier nicht um eine Beurteilung nach Schulnoten. Ihr Interviewpartner möchte wissen, wie Sie sich selbst einschätzen und wie Sie zu Ihrem bisherigen Karriereweg stehen. Unter anderem möchte er aber auch einen Eindruck von Ihrer Zielstrebigkeit bekommen und ob Ihr Lebenslauf womöglich nur das Ergebnis von Zufälligkeiten ist. Letzteres wäre kein Kriterium, das für Sie spricht. Machen Sie deutlich, dass Sie mit Ihrem Lebenslauf zufrieden sind und dass Ihre Entwicklung einem roten Faden folgte. Ideal ist, wenn auch der angestrebte Job sich nahtlos anpassen und den Faden logisch weiterspinnen kann. Keinesfalls rechtfertigen oder entschuldigen Sie Ihren Lebenslauf und kommen gleich auf die »schlechten Stationen« darin zu sprechen, falls vorhanden. Achten Sie in der obigen Antwort auch auf die verwendete Wortwahl: »Im Wesentlichen« lässt einige Zweifel aufkommen. Ein von sich überzeugter Bewerber formuliert anders!

Wie schätzen Sie sich selbst ein?

\+ »Nun, ich habe die Stationen in meinem Lebenslauf bewusst gewählt und bin dabei einem roten Faden gefolgt, wenn man so sagen möchte. Man sieht daran, dass ich mich mit den Themen ›Marketing und Vertrieb‹ beschäftigt habe und schon frühzeitig diesen Schwerpunkt gelegt habe. So zum Beispiel …«

59. Worauf führen Sie Ihren beruflichen Erfolg zurück?

\– »Oh, vielen Dank für die Blumen …«

Anmerkung: Halt! Sie führen ein sachliches Gespräch und Sie hören doch sicher nicht zum ersten Mal, dass Sie erfolgreich sind – oder?

\+ »Ich führe meinen Erfolg im Wesentlichen auf drei Gründe zurück: Zum Ersten meine Fähigkeit zu …, zum Zweiten meine gute Ausbildung und gute Mentoren, bei denen ich … und zum Dritten …«

Anmerkung: Hier sollten Sie kurz zusammenfassen und die wesentlichen Gründe klar benennen können. Besonders wichtig ist in diesem Zusammenhang, dass Sie deutlich machen,

Was hat Sie zum Erfolg motiviert?

was Sie zum Erfolg motiviert. Hierfür muss es irgendeinen
Grund geben. Schildern Sie daneben Ihre Berufserfahrung, die
natürlich wieder perfekt zur ausgeschriebenen Stelle passt.

60. Warum sind Sie bereits seit acht Jahren in der gleichen Position beschäftigt?

– »Ich habe mich in meiner Aufgabe immer sehr wohlgefühlt
und mir zu wenig Gedanken über Karriereschritte gemacht.
Ich bin davon ausgegangen, dass sich Leistung schon durchsetzen wird. Ich mag die Leute nicht, die ständig vorn stehen
müssen oder beim Chef im Vorzimmer sitzen. Ich beweise
mich lieber durch gute Arbeit.«

Anmerkung: Hintergrund der Frage ist, ob es keine Entwicklungsmöglichkeiten für den Bewerber gab und warum er
vielleicht bei Beförderungen übergangen wurde. Auch wenn
sich an einer bestimmten Position viele Jahre nichts geändert
hat, können Sie als Bewerber Entwicklungsfähigkeit aufzeigen.

+ »Meine berufliche Weiterentwicklung war von vielen Veränderungen in der Aufgabenstellung gekennzeichnet, auch wenn
ich auf dem Papier immer Filialleiter war. Zu Beginn war
meine Aufgabe, das Tagesgeschäft in der Filiale zu organisieren. Nach etwa zwei Jahren Betriebszugehörigkeit übernahm
ich auch den Personalbereich, betreute die 20 Verkaufsmitar-
beiter in der Filiale, war für Neueinstellungen und Entlassun-
gen verantwortlich, führte Personalschulungen durch und war
der Ausbilder der Auszubildenden. Seit etwa zwei Jahren bin
ich auch der Ansprechpartner für unsere Einkäufer in der
Zentrale, wenn es um die Kollektionsauswahl, die Order und
Nachbestellungen geht, und besuche regelmäßig die Mode-
messen in Deutschland.«

61. Wie ist Ihre bislang unbedeutendste Stelle gewesen?

– »Ich musste, um meinen Lebensunterhalt zu sichern, vorüberge-
hend während meiner Ausbildung einen Nebenjob annehmen.«

Anmerkung: Nebenjobs sind nicht unbedeutend. Erst recht nicht, wenn sie den roten Faden in Ihrem Lebenslauf bestätigen und Sie auch noch fachlich weitergebracht haben. Es ist verständlich, wenn Sie nebenher arbeiten mussten, um Ihre Ausbildung oder Ihr Studium zu finanzieren. Das ist ein Zeichen von Verantwortungsbewusstsein und Durchhaltevermögen. Besteht dieser rote Faden nicht, dann weisen Sie auf die sonstigen Dinge hin, die Sie dabei gelernt haben: zum Beispiel (wieder) Durchhaltevermögen, Zielstrebigkeit, Verantwortungsbewusstsein etc.

Nebenjobs sind nicht unwichtig

+ »Man könnte denken, dass mein Nebenjob während des Studiums zu dieser Kategorie gehört. Aber rückblickend betrachtet meine ich, dass … Wenn man von unbedeutenden Projekten sprechen würde, dann habe ich tatsächlich einmal ein Projekt während meines Studiums gestartet, von dem ich mir sehr viel versprochen habe. Ich wollte … erforschen. Aber letzten Endes entsprach das Ergebnis dann doch nicht meinen Vorstellungen und ich habe meine Versuchsreihe wieder ruhen lassen.«

Anmerkung: Niemand hat behauptet, dass Sie tatsächlich eine unbedeutende Stelle gehabt hätten. Es steht Ihnen frei, die Frage nach der »unbedeutenden Stelle« umzudeuten. Hier in ein Studienprojekt, das sogar Experimentierfreude und Tüftlersinn bewies.

62. Was haben Sie aus früheren Tätigkeiten gelernt?

– »Ich habe festgestellt, dass man am Ball bleiben und durchhalten muss. Auch wenn einmal etwas nicht auf Anhieb klappt.«

Anmerkung: Ja, das kann schon sein. Aber bedeutet das, dass bei Ihnen öfter mal etwas nicht geklappt hat?

+ »Ich denke schon, dass man aus jeder neuen Tätigkeit lernen sollte. Ist das nicht der Fall, dann könnte das bedeuten, dass man sich zu niedrige Ziele gesteckt hat. Ich finde aber auch die Frage interessant, von wem man gelernt hat …«

Anmerkung: Haben Sie auch hier bemerkt, dass man eine Frage nicht zwingend »auf Gedeih und Verderb« in der vorgegebenen Form beantworten muss? Man kann auch elegant einen Umschwung machen. Hier zum Beispiel, weil Sie etwas über Mentoren erzählen wollen, die Sie unterstützt und begleitet haben. Es kommt immer darauf an, welche Botschaft Sie noch vermitteln möchten beziehungsweise was Sie noch nicht über sich erzählen konnten.

63. Haben Sie immer Ihr Bestes gegeben?

– »Ja, natürlich. Das gehört dazu.«
  Anmerkung: (Zu) perfekt und ohne Begründung? Das glauben wir Ihnen nicht!
– »Ich glaube, dass ich in Ihrem Unternehmen noch mehr leisten kann.«
  Anmerkung: Soll das heißen, dass Sie Ihrem bisherigen Arbeitgeber nicht Ihre volle Leistung zur Verfügung gestellt haben?
+ »Ich bin durchaus stolz auf das, was ich bisher geleistet habe. Ich glaube aber auch, dass ich mein Potenzial noch nicht voll ausgeschöpft habe. Ich denke, man wächst mit seinen Aufgaben, und ich glaube, dass ich in Ihrem Unternehmen meine Stärken wie … noch besser zum Einsatz bringen kann …«

Fragen zum Jobwechsel

Klagen Sie nicht über den Arbeitsmarkt oder andere Ungerechtigkeiten, die Ihnen in Ihrem jetzigen oder letzten Job widerfahren sind. Personalchefs wollen keine Jammerei hören, sondern suchen das Gespräch mit Kandidaten, die agieren und Verantwortung übernehmen.

64. Warum wollen Sie die Stelle wechseln?

− »Ich hatte schon seit Längerem das Gefühl, dass ich mich in meiner jetzigen Position nicht weiterentwickeln kann. Na ja, und dann kamen auch noch einige innerbetriebliche Veränderungen hinzu. Da lag der Schritt doch nahe, dass ich mich mal auf dem Arbeitsmarkt umschaue.«

Anmerkung: Nutzen Sie die Zeit, um über Ihre Stärken und Motive zu sprechen, und vermeiden Sie unbedingt, schlecht über frühere Arbeitgeber oder Chefs zu sprechen. Ihre Ausführungen legen sonst den Verdacht nahe, dass Sie in Wahrheit ein Autoritätsproblem haben oder sich nur schlecht in ein Team einfügen können.

Sprechen Sie nicht schlecht über frühere Arbeitgeber

+ »Ich suche eine neue Aufgabe in einem Unternehmen, das mich fordert und mir Perspektiven bietet. (Pause) Wissen Sie, ich habe mich in den vergangenen Jahren recht gut weiterentwickelt und eine ganze Menge Neues gelernt. Jetzt möchte ich anspruchsvollere Aufgaben übernehmen.«

65. Warum wollen Sie bei Ihrem jetzigen Arbeitgeber kündigen?

− »Dem Unternehmen geht es schon seit Längerem nicht besonders gut und im Moment ist noch nicht absehbar, wie es nach der Kurzarbeit weitergeht.«

Anmerkung: Lassen Sie sich nicht über Ihre Branche, Ihr bisheriges Unternehmen oder einen Ihrer Chefs aus. Ihr Gesprächspartner könnte sonst den Eindruck gewinnen, dass Sie bei nächster Gelegenheit genauso über Ihren neuen Arbeitgeber reden, wenn er erst einmal Ihr Ex-Arbeitgeber geworden ist.

+ »Ich habe mich dort immer sehr wohlgefühlt und ich habe mir die Entscheidung wirklich nicht leicht gemacht, aber ich befinde mich in einer Sackgasse, weil es dort einfach keine Entwicklungsmöglichkeiten mehr gibt. Es geht mir dabei gar nicht um große Karrieresprünge, sondern um neue Aufgaben und mehr Verantwortung in einem innovativen Unternehmen.«

66. Jede Position hat auch ihre Schattenseiten. Was gefällt Ihnen derzeit an Ihrem Job nicht?

– »Eigentlich mache ich meinen Job sehr gern. Ich möchte mich verändern, weil es unserem Unternehmen wirtschaftlich immer schlechter geht ...«

»Die Ratten verlassen das sinkende Schiff ...«

Anmerkung: Nicht wenige Bewerber nennen die wirtschaftlich schlechte Situation ihres derzeitigen Arbeitgebers als einen der hauptsächlichen Wechselgründe. Sie denken, dass sie damit einen guten Grund benennen, an dem sie »unschuldig« sind. Das bedeutet aber für den Personaler im Umkehrschluss, dass nicht sein Unternehmen oder die ausgeschriebene Stelle so interessant ist, sondern dass Sie sein Unternehmen als sichereren Arbeitgeber ins Auge gefasst haben und sich deshalb bei ihm bewerben. Darüber hinaus gibt es die Redewendung »Die Ratten verlassen das sinkende Schiff« – und es könnte nun so aussehen, als würden Sie Ihrem Unternehmen nicht helfen, sondern es im Stich lassen. Loyalität sieht anders aus. Auch sollten Sie sich hier auf keinen Fall zu negativen Äußerungen oder gar Beschimpfungen über Ihren derzeitigen Arbeitgeber, Ihre Mitarbeiter beziehungsweise Kollegen hinreißen lassen.

+ »Ich bin mit den Rahmenbedingungen, dem Unternehmen und der Arbeitsatmosphäre zufrieden. Aber leider fehlt es an Entwicklungschancen. Irgendwie geht es nicht voran. Es geht mir gar nicht unbedingt um Beförderungen oder Ähnliches, aber das Tätigkeitsfeld hat sich trotz vieler Gespräche nicht geändert und das würde auch in Zukunft so bleiben. Das ist eben nicht das, was ich mir vorgestellt habe.«

67. Was spricht Sie bei unserer Stellenanzeige besonders an?

– »Sie haben alles detailliert beschrieben und ich habe eine klare Vorstellung davon bekommen, worum es bei Ihnen geht, und denke, dass ich der ideale Kandidat bin.«

Anmerkung: Wie groß ist Ihr Interesse an dem Unternehmen und der ausgeschriebenen Position wirklich? Können Sie die wesentlichen Anforderungen realistisch einschätzen oder haben Sie sich nur beworben, weil Sie dringend einen neuen Job benötigen? Ihr neuer Arbeitgeber setzt ein starkes Interesse an seinem Unternehmen voraus. Um zu beweisen, dass Sie sich wirklich gut vorbereitet haben, sollten Sie die wichtigsten Eckdaten parat haben.

Lesen Sie vor dem Termin nochmal die Anzeige

+ »Mir ist besonders aufgefallen, dass Sie die Bereitschaft, Verantwortung zu übernehmen, ausdrücklich hervorgehoben haben. Fachlich kenne ich mich gut aus und ich hoffe, dass ich das heute unter Beweis stellen konnte. Aber einer der Gründe, warum ich eine neue Herausforderung suche, ist insbesondere, dass ich in Zukunft mehr Verantwortung übernehmen möchte.«

68. Was erwarten Sie von Ihrer nächsten Stelle?

– »Die Stelle sollte meinen Qualifikationen entsprechen und mir Freiraum lassen für Kreativität und selbstständiges Arbeiten.«
Anmerkung: Falscher Fokus! Sie stehen für den Personaler nicht im Mittelpunkt. Im Mittelpunkt stehen die ausgeschriebene Position und deren passende Besetzung.

+ »Allgemein formuliert könnte man sagen, ich wünsche mir eine Herausforderung, in der ich mit meinen Fähigkeiten, Kenntnissen und mit meiner Persönlichkeit einen entscheidenden Beitrag zum Unternehmenserfolg leisten kann. Konkret bedeutet das …«
Anmerkung: Es kommt darauf an, deutlich zu machen, warum Sie die zu besetzende Stelle optimal ausfüllen können. Diese Passgenauigkeit stimmt mit Ihren Zielen und Erwartungen überein und entspricht damit auch Ihren Vorstellungen. Sagen Sie nicht, was das Unternehmen Ihnen bieten sollte – obwohl sich die Frage so »anhört« –, sondern erklären Sie, was Sie dem Unternehmen bieten können. Nennen Sie konkrete Beispiele, zählen Sie erneut Ihre Stärken auf und zeigen Sie auf,

wie Sie diese dem Unternehmen gewinnbringend zur Verfügung stellen können.

69. Wie machen Sie es möglich, ein Bewerbungsgespräch zu führen, während Sie sich noch in einer festen Anstellung befinden?

– »Das ist alles eine Frage der Prioritäten, wie man so schön sagt …«

Anmerkung: Machen Sie deutlich, dass Sie zwar eine neue Herausforderung suchen, Ihr bisheriges Unternehmen jedoch nicht im Stich lassen. Stimmt, es ist alles eine Frage der Prioritäten. Würde es bei Ihnen im Unternehmen gerade einen Engpass geben und wäre Not am Mann, könnten Sie jetzt nicht hier sitzen. Auch täuschen Sie nicht Termine vor oder melden sich krank, um das Job-Interview führen zu können. Sagen Sie, dass Sie sich einen Tag freigenommen haben (das ist auch ein Zeichen von Priorität!) oder Überstunden abtragen (ein Zeichen von großem Engagement und Arbeitseinsatz). Formulieren Sie kurz, denn dazu gibt es ja nun wirklich nicht viel zu sagen oder zu erklären.

+ »Ich habe mir heute nach Absprache mit meinem Vorgesetzten einen Tag Urlaub genommen. Das passte mir ohnehin sehr gut rein, da ich noch ein paar persönliche Angelegenheiten zu regeln und einen Behördengang zu machen habe. Das ist ja sonst außerhalb der normalen Bürozeiten gar nicht so einfach.«

Anmerkung: Erwecken Sie nicht den Eindruck, dass Sie an diesem Tag mehrere Job-Interviews führen werden!

70. Wenn man sich Ihren Lebenslauf ansieht, so stellt man fest, dass Sie relativ kurze Zeit bei einem Arbeitgeber geblieben sind. Welche Erklärung gibt es dafür?

– »Manchmal passt man einfach nicht zueinander. Und ich finde es dann konsequenter, einen Schlussstrich zu ziehen, als gemeinsam noch lange zu leiden. Deswegen habe ich mich schnell nach einer neuen Herausforderung umgesehen.«

Anmerkung: Der Personaler stellt sich die Frage, ob es in Ihrer letzten Firma Konflikte gab und ob Sie jemand sind, der bei Widerständen, Problemen oder wenn es nicht optimal läuft, gleich aufgibt und alles hinschmeißt. Hatten Sie Schuld an der Beendigung des Arbeitsverhältnisses? Loyalität gegenüber dem Arbeitgeber und den Kollegen ist auch hier wieder angebracht und Schuldzuweisungen kommen ohnehin schlecht an.

+ »Nach dem Vorstellungsgespräch war ich überzeugt, das ideale Unternehmen für mich gefunden zu haben. Die Aufgabenbeschreibung entsprach exakt meinem Profil. Leider zeigte sich bereits während der Probezeit, dass sich die zuvor in den Gesprächen skizzierten Aufgabenbereiche und Entwicklungschancen nicht in die Praxis umsetzen lassen würden. Folglich war es nur konsequent, sich partnerschaftlich zu trennen und ein neues Wirkungsfeld in Angriff zu nehmen.«

71. Haben Sie sich auch in anderen Unternehmen beworben?

− »Nein, ich habe mich bisher nur bei Ihnen beworben, weil Ihre Stellenausschreibung bisher die einzige war, die mich wirklich angesprochen hat.«

Anmerkung: Vermitteln Sie nicht den Eindruck, dass Sie ein Bittsteller sind und keine weiteren Alternativen haben. Wenn Sie zuvor beschrieben haben, warum Sie den Arbeitsplatz wechseln wollen, so ist es nur konsequent, wenn Sie Ihre Entscheidung jetzt auch umsetzen. Wichtig ist aber, dass Sie Ihrem Gesprächspartner das Gefühl vermitteln, er sei Ihre erste Wahl. **Sie sind kein Bittsteller**

+ »Ja, ich habe noch einige Bewerbungen an andere Unternehmen geschickt, wo in den kommenden Tagen ein erstes Gespräch stattfinden wird. Dieses Gespräch hat meinen ersten Eindruck aber bestätigt und ich bin sicher, dass ich sehr gut in Ihr Unternehmen passen würde.«

72. Sind Sie örtlich flexibel?

–   »Mir ist schon klar, dass man nicht davon ausgehen kann, einen interessanten Job in der Nähe seines Wohnortes zu finden, aber grundsätzlich ausschließen möchte ich das nicht. Allerdings muss ich auch sagen, dass mir Familie und Freunde sehr wichtig sind und dass mir so ein Schritt sehr schwerfallen würde.«

Anmerkung: Was denn nun? Die Frage wird Ihnen nur gestellt, wenn die andere Seite wirklich Interesse an Ihnen hat und noch einige Eckdaten abstimmen möchte. Jetzt liegt es an Ihnen, zu signalisieren, wohin die »Reise« gehen soll. Sind Sie an dem Job interessiert oder nicht? Es ist durchaus legitim, wenn Sie um ein wenig Bedenkzeit bitten, weil Sie diesen Punkt noch einmal mit Ihrem Partner abstimmen wollen.

+   »Mit dieser Frage habe ich mich bereits im Vorfeld beschäftigt und kann Ihnen sagen, dass einem Ortswechsel nichts im Wege steht. Es stellen sich dann natürlich noch einige Fragen, die im Detail abzustimmen sind, aber grundsätzlich bin ich dazu gern bereit und sehr aufgeschlossen, ein neues Umfeld kennenzulernen.«

+   »Das freut mich, dass Sie mich das fragen, denn das bedeutet ja auch, dass Sie sich eine Zusammenarbeit vorstellen können. Ich finde die Aufgabe nach wie vor interessant und möchte meine Bewerbung unbedingt aufrechterhalten. Ist es für Sie in Ordnung, wenn ich über diesen Punkt mit meinem Partner spreche? Ich würde Ihnen dann spätestens morgen Nachmittag Bescheid geben. Ich bin aber sicher, dass dem nichts im Wege stehen wird; schließlich hatten wir diese Möglichkeit schon im Vorfeld diskutiert. Wäre diese Vorgehensweise für Sie in Ordnung?«

Anmerkung: Wenn es möglich ist, sollten Sie Ihre Antwort mit einer Frage abschließen. Hin und wieder machen auch rhetorische Fragen Sinn. Vor allem dann, wenn der Zuhörer Ihnen zustimmen muss.

Fragen zur jetzigen Tätigkeit

73. Welchen Anteil am Unternehmenserfolg/Erfolg der Abteilung haben Sie mit Ihrer Tätigkeit?

– »Meine Aufgabe besteht darin, den Vertrieb zu unterstützen und als Ansprechpartner für Kundenanfragen zur Verfügung zu stehen. In den vergangenen Jahren habe ich die Ziele, die mir gesetzt wurden, immer erreicht. Das war auch einer der Gründe, weswegen ich im Laufe der Jahre immer neue Aufgaben übertragen bekommen habe.«

Anmerkung: Die Antwort geht in die richtige Richtung, aber Sie müssen überzeugend sein, ohne überheblich zu wirken. Es klingt vielleicht übertrieben, aber die meisten Mitarbeiter kennen ihren Beitrag am Unternehmenserfolg nicht. Das heißt auch, dass sie ihre erfolgskritischen Aufgaben nicht benennen können. Ihr Interviewpartner weiß es zu schätzen, wenn Sie in diesem Punkt besser auftreten. **Seien Sie überzeugend, nicht überheblich**

+ »Als Leiter des Vertriebsinnendienstes unterstütze ich zusammen mit meinem Team unseren Außendienst beim Kunden. Wir halten dem Verkauf den Rücken frei, damit er sich auf seine wesentlichen Aufgaben konzentrieren kann: nämlich zu verkaufen. Wenn mal etwas nicht auf Anhieb klappt, sind wir auch die erste Anlaufstelle für Kunden, die einmal nicht weiterwissen oder Informationen benötigen. Ich finde, dass wir das wirklich gut hinbekommen haben und mittlerweile als eine Art Visitenkarte verstanden werden.«

74. Was interessiert Sie am wenigsten bei Ihrer jetzigen Tätigkeit?

– »Am liebsten arbeite ich vor Ort beim Kunden, da bin ich am besten, denn da werden die Abschlüsse gemacht, das sieht man ja auch an meinen Verkaufszahlen. Die ganze Bürokratie drumherum, der Schreibtischjob, ist nicht so mein Ding, aber was sein muss, muss sein.«

Anmerkung: Fragen wie diese können Sie in eine schwierige Situation bringen: Sagen Sie, dass alles ganz prima ist, stellt sich die Frage, warum Sie das Unternehmen verlassen wollen. In jedem Job gibt es Aufgaben, die weniger interessant oder attraktiv sind. Das wissen Sie und das weiß auch Ihr Gesprächspartner. Das heißt aber nicht, dass Sie jetzt bedenkenlos mit Ihrem aktuellen Aufgabenbereich aufräumen können. Sind Sie pflichtbewusst? Können Sie sich motivieren, wenn es einmal zäh wird? Können Sie die Prioritäten Ihrer Arbeit erkennen? Wenn ja, dann ist jetzt der Zeitpunkt gekommen, darüber zu sprechen.

+ »Ich weiß, dass Routinearbeiten wichtig sind und sich nicht vermeiden lassen, aber ich versuche, sie auf ein Minimum zu reduzieren oder so zu organisieren, dass ich sie dann erledige, wenn sie anderen Aufgaben nicht im Wege stehen. Seitdem ich mir jeden Tag zehn Minuten Zeit für die Tages- oder Wochenplanung nehme, gehen mir auch diese Arbeiten sehr gut von der Hand und ich habe mehr Zeit für die wichtigsten Aufgaben.«

75. Was gefällt Ihnen an Ihrer derzeitigen Tätigkeit?

– »Im Großen und Ganzen habe ich einen sehr abwechslungsreichen Job und einen Chef, auf den ich mich wirklich verlassen kann, aber …«

Seien Sie kein Nörgler

Anmerkung: Vermeiden Sie es auf jeden Fall, negativ oder zu kritisch über Ihren bisherigen Job zu sprechen, denn niemand stellt gern einen Nörgler ein. Auf der anderen Seite sollten Sie sich auch nicht zu Begeisterungsstürmen hinreißen lassen und Ihren jetzigen Arbeitgeber in höchsten Tönen loben. In diesem Fall stellt sich nämlich die Frage, ob Sie wirklich schon bereit für einen Wechsel sind. Beschreiben Sie die positiven Seiten sachlich und sprechen Sie über Ihren Aufgabenreich, das

Vertrauen, das man Ihnen entgegengebracht hat, und von
Ihren Erfolgen.

+   »Ich bin meinem bisherigen Arbeitgeber wirklich sehr dank-
bar für die letzten Jahre und ich bin sicher, dass wir beide
voneinander profitiert haben. Wir hatten immer ein sehr
partnerschaftliches Verhältnis zueinander und man hat mir
vom ersten Tag an immer wieder tolle Projekte anvertraut. Ich
habe in dieser Zeit viel gelernt und ich bin sicher, dass ich
mindestens genauso viel zurückgegeben habe. In den zurück-
liegenden Monaten hat sich aber gezeigt, dass mein Weg dort
zu Ende geht. Weitere Entwicklungsmöglichkeiten sind aufgrund der Unternehmensstruktur einfach nicht gegeben und
ich habe mich dazu entschlossen, den nächsten Schritt zu
machen: Ich suche eine interessante Herausforderung in einem
dynamischen Unternehmen. Deshalb sitze ich heute hier bei
Ihnen.«

76. Warum können Sie Ihre beruflichen Ziele nicht bei Ihrem derzeitigen Arbeitgeber realisieren?

–   »Als ich mich vor drei Jahren für diesen Job entschied, hatte
ich mich im Vorfeld intensiv mit der Personalbteilung über
meine Entwicklungschancen ausgetauscht und war überzeugt,
dass ich die richtige Entscheidung treffe. Na ja, aber dann kam
alles anders. Bereits im ersten Jahr habe ich einen neuen
Vorgesetzten bekommen, das Unternehmen wurde umorgani-
siert und auf einmal hatte ich ganz andere Aufgaben abzuar-
beiten. Ich dachte, das würde sich wieder ändern, aber so wie
es aussieht, wird es in Zukunft eher schlechter.«

Anmerkung: Ein Grund, warum Sie Ihren bisherigen Arbeitge-   **Der Interviewer will**
ber verlassen wollen, ist wahrscheinlich, dass Sie in der   **nachvollziehbare**
Vergangenheit einen tollen Job gemacht haben und nun leider   **Gründe**
feststellen müssen, dass Sie sich in einer Sackgasse befinden
und Ihre Karrierepläne sich nicht realisieren lassen. Ganz
ehrlich: Ihr Gesprächspartner hat schon viele Antworten wie

diese gehört. Er möchte nun noch einmal überprüfen, was Sie antreibt und warum Sie das Unternehmen wirklich verlassen wollen oder gar müssen. Nennen Sie nachvollziehbare Gründe und sprechen Sie vor allem über Ihre Leistungen, aber lassen Sie sich auf keinen Fall dazu verführen, sich negativ zu äußern. Vergessen Sie nie: Ihr neuer Arbeitgeber möchte Ihre erste Wahl sein und nicht als Notnagel herhalten müssen.

+   »Nach wie vor schätze ich meinen derzeitigen Arbeitgeber und Aufgabenbereich sehr. Ich habe dort eine ganze Menge gelernt und durfte einige wirklich interessante Projekte begleiten. Aber seit einiger Zeit ist klar, dass meine Entwicklungsmöglichkeiten begrenzt sind. Deshalb habe ich mich dazu entschlossen, den nächsten Schritt zu machen und mich beruflich zu verändern. Ich möchte meine Berufserfahrung besser einbringen können und Neues lernen.«

77. Wie werden Sie von Ihren Mitarbeitern eingeschätzt?

–   »Wenn Sie meine Mitarbeiter fragen, wird man Ihnen mit Sicherheit sagen, dass ich immer für sie da bin und einen sehr partnerschaftlichen Führungsstil praktiziere.«
    Anmerkung: Da mehr als 90 Prozent aller Fragen in einem Vorstellungsgespräch vorhersehbar sind, müssen sich Personaler etwas einfallen lassen, wenn sie die Bewerber jenseits der Routine zu unbedachten Aussagen bewegen wollen, die Informationen liefern, die nicht in den Bewerbungsunterlagen stehen. Gerade Eigenschaften wie Selbstbewusstsein, Loyalität und Integrationsfähigkeit sind entscheidend dafür, ob der Kandidat auch als Mensch in das Unternehmen passt.

+   »Am besten wäre es natürlich, wenn Sie das meine Mitarbeiter selbst fragen könnten … (Pause) Ich denke, dass meine Mitarbeiter mich mögen und mir vertrauen. Ich mache das unter anderem daran fest, dass viele von ihnen mich auch um Rat fragen, wenn sie einmal private Probleme klären möchten.«

78. Welches Verhältnis haben Sie zu Ihren Kollegen?

– »Das kommt immer auf den Einzelfall an. Mit dem einen habe ich ein kollegiales Verhältnis und mit dem anderen auch mal ein freundschaftliches. Wichtig ist für mich, dass sich jeder auf den anderen verlassen kann und dass man auch Spaß miteinander hat.«

Anmerkung: In erster Linie werden Sie dafür eingestellt, den neuen Aufgabenbereich auszufüllen. Natürlich ist es wünschenswert, dass Sie auch einen wertvollen Beitrag zur Teamentwicklung leisten, aber Sie sollten deshalb nicht die Vermutung nahelegen, dass bei Ihnen mit Verbrüderungsszenen oder Partys am Arbeitsplatz zu rechnen ist. Es ist auch legitim, wenn sich am Arbeitsplatz die eine oder andere Freundschaft ergibt, allerdings wird das nicht überall gern gesehen und Sie sollten besser Ihre Professionalität und Teamfähigkeit in den Vordergrund stellen.

+ »Grundsätzlich bin ich der Meinung, dass man sich am Arbeitsplatz professionell verhalten sollte. Man muss nicht mit jedem Kollegen befreundet sein, aber man muss mit jedem auskommen und zusammenarbeiten können.«

79. Worauf achten Sie, wenn Sie jemanden einstellen, ganz besonders?

– »Na ja, der Bewerber muss auf die Ausschreibung passen, die Bewerbungsunterlagen müssen ansprechend sein und ich muss in den Interviews das Gefühl haben, dass der Kandidat wirklich in unser Team passt.«

Anmerkung: Aus der Beantwortung dieser Frage lässt sich ableiten, auf welche Art und Weise Sie Entscheidungen treffen und welche Kriterien für Sie als Führungskraft von Bedeutung sind. Die möglichen Rückschlüsse gehen aber noch weiter: Sie sagen nämlich auch etwas darüber aus, inwiefern Sie selbst in das Team passen.

+   »Wenn ich die Vorauswahl anhand der Bewerbungsunterlagen vorgenommen habe, beziehe ich ein oder zwei Mitarbeiter in den Auswahlprozess ein. Schließlich müssen wir ja alle zusammenarbeiten und man kann die Erfahrung jedes Einzelnen dafür nutzen. Aus meiner Praxis weiß ich, dass die Einarbeitung und Integration der neuen Mitarbeiter viel leichter fällt, wenn man mit offenen Karten spielt und jeder frühzeitig informiert ist.«

80. Warum wollen Sie einen Job annehmen, für den Sie offensichtlich überqualifiziert sind?

–   »Überqualifiziert? Das würde ich so nicht sagen ...«

Will man Sie aus der Reserve locken?

Anmerkung: Sind Sie wirklich überqualifiziert oder möchte man Sie mit dieser Frage aus der Reserve locken? Die meisten Unternehmen vermeiden, Bewerber einzustellen, die offensichtlich überqualifiziert sind. Sie vermuten ein Nachlassen der Motivation oder einen baldigen Wechsel in eine höher qualifizierte Aufgabe. Und dann geht die Suche nach dem richtigen Mitarbeiter von vorn los ...

+   »Ich kann nachvollziehen, dass Sie diese Frage stellen, und glauben Sie mir, ich habe selbst intensiv über diesen Punkt nachgedacht. Sie vermuten vielleicht, dass ich bald die Lust verlieren könnte oder mich nach einem anderen Job umschauen werde, aber ich bin wirklich an dieser Position interessiert und bin sicher, dass ich mich hier einbringen kann, wie es andere zurzeit vielleicht nicht können. Es gibt eine ganze Reihe von Gründen für meine Bewerbung bei Ihnen und ich möchte in den kommenden Jahren bestmögliche Leistungen erbringen. Sollten sich in den kommenden Jahren weitere Aufgaben ergeben, so können Sie auf mich setzen. Mir geht es nicht um Positionen, sondern um Aufgaben.«

Fragen zur Arbeitslosigkeit

81. Aus Ihrem Lebenslauf ersehe ich, dass Sie längere Zeit ohne Anstellung waren. Was haben Sie in dieser Zeit gemacht?

– »Ich habe mich bemüht, so schnell wie möglich einen neuen Job zu finden, und tagein, tagaus Bewerbungen verfasst.«
Anmerkung: Noch einmal: Achten Sie auf Ihre Sprache. Wer sich »bemüht« hat, kann auch lange Zeit erfolglos geblieben sein. Außerdem stellt sich die Frage: Wenn Sie tagein, tagaus Bewerbungen verfasst haben – haben Sie sich wahllos beworben? Lautete Ihr Motto: Hauptsache ein Job, egal welcher? Das wäre nicht gut. Sie sollten niemals den roten Faden im Lebenslauf aus den Augen verlieren. Und auch jetzt und heute stellt sich die Frage, ob Ihr Vorstellungsgespräch nur das Ergebnis von Zufälligkeiten ist. Stattdessen sollten Sie deutlich machen, dass es sich hier um Ihren Traumjob handelt!

Achten Sie auf den roten Faden im Lebenslauf

+ »Ich habe die Zeit erst einmal intensiv dazu genutzt, eine umfangreiche Bestandsaufnahme vorzunehmen und mich dann neu zu orientieren. In dieser Zeit habe ich viel gelesen und vor allem im Internet recherchiert. Mich hat vor allem die Frage interessiert, wie sich mein berufliches Tätigkeitsgebiet in den kommenden Jahren verändern wird und wie ich mich am besten darauf vorbereiten kann.«
Anmerkung: Wenn Sie während dieser Zeit auch an konkreten Veranstaltungen teilgenommen haben, so können Sie diese hier hervorragend einbringen. Machen Sie deutlich, dass durch Ihre Weiterbildungsaktivitäten ein konkreter Nutzen für Ihren (neuen) Arbeitgeber entstanden ist. Verfallen Sie nicht in Wehklagen, warum Sie den letzten Job verloren haben. Der Personalentscheider ist nicht an einer Beschreibung des tiefen Lochs interessiert, in das Sie nach der Kündigung gefallen sind, und wie lange beziehungsweise mit wessen Unterstützung Sie es dann doch geschafft haben, eine

Konkreter Nutzen durch Weiterbildung

Bewerbung zu schreiben. Antworten Sie ehrlich, dass es Ihnen in dieser Phase wichtig war, Ihre Lebensplanung neu zu überdenken, und Sie die Zeit für sich, Ihre Hobbys und Interessen genutzt haben. Diese Phase haben Sie für sich abgeschlossen und Sie haben nicht das Gefühl, zu kurz zu kommen und Ihre Interessen nicht ausgelebt zu haben. Diese persönliche Zufriedenheit wird sich auf Ihre Arbeitseinstellung und Ihr Engagement positiv auswirken.

82. Warum wurden Sie gekündigt?

– »Das frage ich mich auch … Schade, ich dachte wirklich, ich wäre in dem Unternehmen gut aufgehoben und ich hätte einen sicheren Arbeitsplatz. Leider war dem offensichtlich nicht so. Meine Kündigung hat alle sehr überrascht. Auch meine Kollegen konnten das gar nicht verstehen. Da waren andere eigentlich eher fällig. Aber das ist wohl Büropolitik.«
Anmerkung: Lachen Sie nicht! Die Bemerkung, dass »niemand die Kündigung verstanden hat«, fällt sogar recht oft. Ob dem wirklich so ist, weiß man nicht. Vielleicht hat nur niemand seine wahren Gedanken offen ausgesprochen, weil die Würfel ja ohnehin schon gefallen sind und die Kündigung ausgesprochen ist. Eine solche Antwort legt den Schluss nahe, dass Sie nicht in der Lage sind, Ihre Situation zu reflektieren und Entwicklungen zu antizipieren.

+ »Nach dem Vorstellungsgespräch war ich überzeugt, das ideale Unternehmen für mich gefunden zu haben. Die Aufgabenbeschreibung entsprach exakt meinem Profil. Leider zeigte sich bereits während der Probezeit, dass sich die zuvor in den Gesprächen skizzierten Aufgabenbereiche und Entwicklungschancen nicht in die Praxis umsetzen lassen würden. Folglich war es nur konsequent, sich partnerschaftlich zu trennen und ein neues Wirkungsfeld in Angriff zu nehmen.«

83. Wurden Sie aus einem Grund gekündigt, der Ihnen unfair erschien?

– »Ich habe immer mein Bestes gegeben. Anscheinend hat das meinen Vorgesetzten nicht gereicht. Wenn Sie mich fragen, lag es nicht an meiner Arbeitsleistung. Seitdem unser neuer Chef eingestellt wurde, war nichts mehr wie vorher. Das Betriebsklima verschlechterte sich. Aus Kostengründen wurde einer nach dem anderen freigestellt. Kein Wunder, dass das Unternehmen jetzt kurz vor der Insolvenz steht.«

Anmerkung: Stopp! Loyalität ist oberstes Gebot. Natürlich ist eine Kündigung ein tief gehender Einschnitt, den man verarbeiten muss. Ihre Aufarbeitung sollte aber nicht vor dem Personaler stattfinden. Die Gründe für die Auflösung des Arbeitsverhältnisses können sehr unterschiedlich sein, aber die Strategie, mit der Sie vorgehen sollten, ist immer die gleiche. Zeigen Sie, dass Sie, egal in welcher kritischen Situation, loyal, aktiv und motiviert waren.

Zeigen Sie, dass Sie loyal und motiviert sind!

84. Wie lange sind Sie schon auf Jobsuche?

– »Sechs Monate.«

Anmerkung: Klar, mit dieser Antwort sind Sie präzise auf die gestellte Frage eingegangen. Vergessen Sie aber nicht, dass Sie »Botschaften« übermitteln wollen und jede Gelegenheit nutzen sollten, um etwas Positives von sich zu kommunizieren. Diese Antwort war zu kurz und hätte sicherlich weiteres Nachfragen provoziert. Denn eigentlich wollte der Personaler ein bisschen mehr von Ihnen erfahren …

+ »Das letzte Anstellungsverhältnis verlief nicht so wie geplant, ich wäre gern länger in dem Unternehmen geblieben, aber die Voraussetzungen waren einfach nicht dementsprechend. Ich brauchte im Anschluss erst einmal etwas Zeit für mich, um persönliche Dinge zu regeln, eine Strategie für die Zukunft festzulegen und mich auf eine neue Herausforderung vorzubereiten. Ich habe mich weitergebildet und mir ein sehr gutes

Arbeitslosigkeit wird zur Nebensache

Bild vom Arbeitsmarkt verschafft. Das hat einige Zeit gedauert. Aber heute bin ich hier und ich bin sicher, dass ich diese vergangenen sechs Monate gut investiert habe. Davon würde ich Sie gern überzeugen.«

Anmerkung: Haben Sie bemerkt, dass wir die »Arbeitslosigkeit« ganz nebenbei verpackt haben und gleichzeitig noch zahlreiche positive Aspekte mit in die Waagschale geworfen haben? Bleiben Sie bei solch einer Frage ruhig und lassen Sie sich nicht nervös machen. Hier will man Ihr Durchhaltevermögen testen. Zu wenige Bewerbungen in Zeiten der Arbeitslosigkeit zeugen von Desinteresse und Demotivation, zu viele Absagen sind nicht gerade eine Empfehlung für Sie. Finden Sie den richtigen Mittelweg. »Aktivitäten« wie Faulenzen und Urlaub werfen kein positives Licht auf Sie, es sei denn, Sie haben den Urlaub zur Verbesserung Ihrer Sprachkenntnisse genutzt oder sich einen lang gehegten Traum erfüllt und damit Zielstrebigkeit bewiesen.

Fragen zu Ihren Bewerbungsmotiven

85. Was reizt Sie an dieser Stelle?

– »Wenn ich ehrlich bin, dann ...«
 Anmerkung: Stopp! Wir wissen, das ist meist nicht mehr als eine Redewendung. Aber soll das womöglich bedeuten, dass Sie bei anderen Antworten »nicht ehrlich« waren? Verzichten Sie auf solch negative Floskeln!
– »Das ist eine gute Frage. Wir hatten ein sehr gutes und interessantes Gespräch. Die Aufgabenstellung reizt mich mehr als je zuvor, und wenn Sie mich fragen, was ich darüber hinaus noch erwarte, dann Fairness und ...«

Bringen Sie Anforderungen und Fähigkeiten in Einklang

Anmerkung: Mit dieser oder ähnlichen Fragen wie zum Beispiel »Was erwarten Sie von uns?« oder »Was erhoffen Sie sich von unserer Firma?« will der Personaler ausloten, wie realistisch Ihre Einschätzungen sind und ob Sie ein gutes Verständnis für die Herausforderungen und Aufgaben der ausgeschriebenen Stelle haben. Sie sollten aber genau deshalb auch noch einmal konkret auf die Anforderungen aus der Stellenausschreibung eingehen und diese mit Ihren Fähigkeiten in Einklang bringen. Schmeicheleien Ihrerseits sind hier jedoch fehl am Platz.

+ »Das ist eine gute Frage. Wir hatten ja nun schon ein sehr gutes und interessantes Gespräch. Die Aufgabenstellung reizt mich mehr als je zuvor. Insbesondere ...«

86. Warum wollen Sie in unserem Unternehmen arbeiten?

– »Ich komme ja nun aus einem Großunternehmen. Ich habe aber bemerkt, dass ich lieber in einem kleineren Unternehmen arbeiten würde, das über flachere Hierarchien verfügt und in dem die Dinge mehr miteinander verzahnt sind. Darum bewerbe ich mich bei Ihnen.«

Anmerkung: Hoppla! Ihr erstes Kriterium ist, dass es sich um ein Kleinunternehmen handelt? Provokativ nachgefragt: Dann ist Ihnen das Unternehmen an sich egal; Hauptsache, es handelt sich um ein kleines Unternehmen? Flache Hierarchien sind Ihnen wichtig? Das haben Sie jetzt bemerkt, während Sie in einem Großunternehmen arbeiten? Bedeutet das, dass Sie Probleme mit Hierarchien, Vorgesetzten und Anweisungen haben? Sind Sie ein schwieriger Mitarbeiter? Wahrscheinlich wollten Sie etwas Derartiges gar nicht ausdrücken, haben es aber trotzdem getan oder den Zuhörer zumindest zwischen den Zeilen so etwas erahnen lassen ... Ihr neuer Arbeitgeber setzt voraus, dass Sie ein starkes Interesse für das Unternehmen mitbringen. Um ihm zu beweisen, dass Sie es ernst meinen, sollten Sie zwei oder drei wichtige Informationen über das Unternehmen, technische Neuerungen oder Entwicklungen parat haben und diese charmant in das Gespräch einbinden.

+ »Ich beobachte Ihr Unternehmen schon seit Längerem in der Presse und im Internet. Dabei ist mir immer wieder aufgefallen, dass Sie Werte wie Innovationskraft und Kundenorientierung besonders betonen. Das sind genau die Punkte, die mich selbst ganz besonders ansprechen, weil ich fest davon überzeugt bin, dass die Unternehmen erfolgreich sein werden, die sich dem Fortschritt und dem Dienst am Kunden verschrieben haben. Habe ich Ihre Unternehmensphilosophie damit richtig verstanden?«

Anmerkung: Machen Sie deutlich, dass Sie generell an verantwortlichen, anspruchsvollen Aufgaben interessiert sind, dass Sie sich mit den Werten, Produkten und Dienstleistungen des Unternehmens sowie mit der konkreten Aufgabe identifizieren.

87. Wie lange würden Sie in unserem Unternehmen bleiben wollen?

– »Hm, ich denke, das ergibt sich. Ich weiß noch nicht.«
– »Ich denke, Zielstrebigkeit und eine stetige Weiterentwicklung sind sehr wichtig und man sollte sich nach fünf Jahren durchaus weiterentwickeln. Das kann ja auch intern sein …«

Anmerkung: Diese Frage zu beantworten ist schwierig. Sie können nicht sagen, dass Sie noch nicht wissen, wie lange Sie bleiben wollen. Und eine konkrete Zahl zu nennen ist ebenfalls problematisch. Doch niemand behauptet, dass Sie nur die Wahl zwischen diesen beiden Alternativen haben. Tatsächlich existiert noch eine dritte …

+ »Ich suche nach einer langfristigen Herausforderung mit interessanten Entwicklungsperspektiven. Und so, wie Sie mir eben die Stelle beschrieben haben und wie ich sie schon aufgrund der Ausschreibung verstanden habe, ist das hier ganz genau der Fall. Also gibt es keinen Grund für mich, mich nach einer neuen Position umzusehen. Ich glaube wirklich, dass ich langfristig einen wichtigen und für beide Seiten interessanten Beitrag für dieses Unternehmen leisten kann.«

Anmerkung: Machen Sie deutlich, dass Sie nicht sofort nach einem neuen Aufgabenbereich Ausschau halten. Viele Kandidaten denken, dass Zielstrebigkeit das Maß aller Dinge sei. Manchmal möchten Personaler auch, dass der Kandidat erst einmal eine gewisse Zeit den neuen Job macht. Belegen Sie die interessanten Aspekte der Stellenausschreibung mit Beispielen.

Zielstrebigkeit ist nicht Maß aller Dinge

88. Wie ist es eigentlich zu Ihrer Bewerbung in unserem Unternehmen gekommen?

– »Ich bin den ganz klassischen Weg gegangen. Ich habe mich in der Tageszeitung über interessante Stellenausschreibungen informiert ...«

Anmerkung: Klassisch ist nicht schlecht, aber: Denken Sie stets daran, dass der Personaler sich wünscht, Sie hätten sein Unternehmen schon im Vorfeld gekannt und quasi nur auf eine Stellenausschreibung gewartet, um endlich loszulegen. Also überlegen Sie: Was könnten Sie mit dem Unternehmen in Verbindung bringen? Kennen Sie die Gegend schon länger? Haben Sie die Unternehmensgeschichte verfolgt? Wofür ist das Unternehmen bekannt? Kennen Sie Mitarbeiter, die Sie geworben haben? Oder haben Sie gar über Netzwerke von der Ausschreibung erfahren?

+ »Wie Sie vielleicht gesehen haben, stamme ich hier aus der Gegend. Mir ist Ihr Unternehmen schon seit Kindesbeinen an ein Begriff. Im Zuge meines Studiums bin ich dann hier weggezogen. Doch nun zieht es mich wieder zurück. Ich habe die Entwicklungen in der Region auch aus der Ferne aufmerksam verfolgt und dabei wurde eines immer wieder deutlich: dass dieses Unternehmen, insbesondere beim technischen Fortschritt, die Nase vorn hat. In meiner Ausbildung habe ich ebenfalls den Fokus auf Forschung und Entwicklung gesetzt und daher ...«

Anmerkung: Bravo, Sie haben bei Ihrer Antwort gleich verschiedene Bereiche mit »abgegrast«. So zum Beispiel Ihre gute Ausbildung sowie Ihre Flexibilität und Mobilität.

89. Wodurch unterscheidet sich unsere ausgeschriebene Stelle von Ihrer aktuellen Tätigkeit?

–   »Ihre Stelle geht mit einem größeren Verantwortungsbereich einher und entspricht mehr einer Führungsposition ...«

Anmerkung: Vermutlich wollen Sie sich weiterentwickeln. Deshalb bewerben Sie sich auf eine Stelle, die mit einem interessanteren Aufgabengebiet einhergeht, in der Sie mehr Verantwortung übernehmen können, die selbstständigeres Arbeiten möglich macht, in der Sie mehr verdienen können etc. Doch Sie müssen aufpassen, dass Sie – wenn Sie die Unterschiede zur bisherigen Stelle herausarbeiten – es nicht so aussehen lassen, als wären Sie den größeren Herausforderungen unter Umständen gar nicht gewachsen. Ihr Gesprächspartner möchte auf diese Art und Weise herausfinden, welche Fähigkeiten oder Qualifikationen Ihnen für die ausgeschriebene Stelle fehlen könnten. Falls Ihnen die Frage zu Beginn eines Gesprächs gestellt wird, müssen Sie gegebenenfalls noch weitere Informationen erfragen, um eine wirklich umfassende Antwort geben zu können.

+   »Meines Erachtens haben Sie mir ein sehr präzises Bild von der ausgeschriebenen Stelle vermittelt und ich kann daher auch gut abschätzen, wo Gemeinsamkeiten und Unterschiede zwischen meiner bisherigen Stelle und der von Ihnen ausgeschriebenen Position liegen. Lassen Sie mich bitte an dieser Stelle noch einmal deutlich machen, dass ich mehr denn je davon überzeugt bin, dass ich die richtigen Voraussetzungen mitbringe, um die Stelle optimal auszufüllen, und ich sehr daran interessiert bin, in Ihrem Unternehmen zu arbeiten. In meiner derzeitigen Position habe ich die Aufgabe ... Daraus ergibt sich im Vergleich zu Ihrer Stellenausschreibung der Unterschied, dass ... Ich bin jedoch sicher, dass ich aufgrund meiner bisherigen Tätigkeit auf diese neue Aufgabe optimal vorbereitet bin.«

Passgenauigkeit zur ausgeschriebenen Stelle

90. Welchen Erfahrungshintergrund bringen Sie für diese Aufgabe mit?

– »Nun, Sie sehen ja anhand meines Lebenslaufs, dass ich bereits jahrelang im Vertrieb gearbeitet habe und dementsprechend einen großen Erfahrungsschatz mitbringe. Ich habe so viel Erfahrung in diesem Bereich, dass man mich getrost als alten, aber jung gebliebenen Hasen bezeichnen könnte.«

Anmerkung: Erklären Sie Ihrem Gesprächspartner nicht, was er ohne Weiteres Ihren Unterlagen entnehmen kann. Als Bewerber befinden Sie sich oft in einem Minenfeld: Erfahrung ist gut und wichtig, aber es darf auch nicht zu viel sein. Schnell sagt man Ihnen dann nämlich nach, dass Ihr hohes Maß an Erfahrung mittlerweile zu Betriebsblindheit geführt hat und dass Sie wahrscheinlich für Neues nicht mehr sonderlich aufgeschlossen sind. Präsentieren Sie Ihre Erfahrung als Chance und stellen Sie einen Bezug zu Ihrem neuen Aufgabengebiet her. Jahrelange Berufserfahrung sagt noch lange nichts über die Qualität und Relevanz der Erfahrung aus.

> Erfahrung: gut und wichtig

+ »Ich war acht Jahre im Vertrieb tätig und habe dort den Fachhandel wirklich kennengelernt. Mit allen Höhen und Tiefen. Ich weiß heute, dass der Fachhandel Wert auf Beständigkeit und persönliche Kontakte legt. Hier kommt es einfach darauf an, dass man sich kennt. Als Neuer tut man sich da schwer. Mein Vorteil ist, dass ich nach wie vor über sehr gute Kontakte zum Handel verfüge und dass ich mich dort jederzeit wieder sehen lassen kann. Wenn ich Sie richtig verstanden habe, ist das ja ein wichtiger Punkt für Sie in der Ausschreibung der zu besetzenden Position gewesen, richtig?«

Anmerkung: Bravo! Sie haben schon wieder ein Steinchen ins Wasser geworfen und Ihre guten Kontakte ins Spiel gebracht. Weiter so!

91. In welchem Bezug steht – Ihrer Meinung nach – Ihre Aufgabe zu den Gesamtzielen der Firma/der Abteilung?

– »Wie sagt man so schön: Viele Rädchen in einem Getriebe ergeben ein Ganzes. Ich denke, es ist wichtig, dass jeder seinen Beitrag zum Unternehmenserfolg leistet und sein Bestes gibt.«

Machen Sie konkrete Aussagen

Anmerkung: Das Motto »Gemeinsam sind wir stark« ist zwar schön, aber so hören sich keine konkreten Aussagen an! Man will erfahren, ob Sie ein realistisches Bild von den Aufgaben der ausgeschriebenen Stelle gewonnen haben und die Relevanz dieser Tätigkeit in Bezug auf den Unternehmenserfolg erkennen. Ihre Antwort gibt darüber hinaus Auskunft, ob Sie in der Lage sind, einen Auftrag nicht nur isoliert zu betrachten, sondern auch Schnittstellen erkennen, kooperationsfähig sind und gemeinsame Ziele aktiv fördern und erreichen können.

+ »Mich reizt insbesondere die Möglichkeit, am großen Ganzen mitwirken zu können. Jeder Mitarbeiter trägt ein Puzzleteilchen dazu bei, dass sich ein stimmiges Gesamtbild ergibt. In meinem Fall und bei dieser Aufgabe bedeutet das …«

92. Welches sind nach Ihrer Einschätzung die wichtigsten Aspekte dieser Tätigkeit?

– »Ich mag es, dass ich in dieser Position selbstverantwortlich arbeiten kann. Außerdem reise ich gern und bin also sehr flexibel und mobil.«

Anmerkung: Na, der Schuss ging aber gründlich nach hinten los. Der Versuch, hier Ihre Flexibilität und Mobilität unterzubringen, wird Sie garantiert auch nicht retten können. Es geht nach wie vor nicht darum, dass Sie sich besonders wohlfühlen und Ihre Lebensgrundsätze optimal entfalten können. Entscheidend ist, dass Sie das Aufgabenfeld erfassen, in der Lage sind, das Wesentliche zu erkennen, dementsprechend Prioritäten setzen können und sich in Ihrem neuen Job voll einbringen wollen.

+ »Hm … das ist eine gute Frage. Es handelt sich ja um eine komplexe Aufgabenstellung und ich stimme Ihnen zu, dass es natürlich von elementarer Bedeutung ist, dass man die wichtigsten Aspekte der Tätigkeit erkennt und dementsprechend handelt. Wenn ich Sie richtig verstanden habe, besteht ein wichtiger Beitrag zum Unternehmenserfolg darin, dass der gesuchte Mitarbeiter …«

93. Wie müsste Ihrer Meinung nach der ideale Arbeitsplatz aussehen?

– »Hm… ein großer Schreibtisch mit Ausblick ins Grüne.«
Anmerkung: Es geht hier nicht darum, Ihnen Ihre Wünsche von den Augen abzulesen und Ihnen Ihre Umgebung so schmackhaft zu machen, dass Sie den Job auf jeden Fall annehmen. Mit so einer Antwort wird er Ihnen nicht mal angeboten… vielmehr sollten Sie Ihre Vorstellung von der idealen Arbeitsumgebung so gestalten, dass sie der ausgeschriebenen Stelle möglichst nahekommt. Heben Sie Ihre Leistungsmotivation hervor, legen Sie Wert auf selbstständiges und eigenverantwortliches Arbeiten und Entfaltungsmöglichkeiten. Beschreiben Sie Bereiche, die dem Job tatsächlich entsprechen!

+ »Wenn ich mir die ideale Arbeitsumgebung malen könnte, dann würde ich mir vor allen Dingen herausfordernde Aufgaben wünschen. Aufgaben, die eigenverantwortliches Arbeiten ermöglichen …«

94. Wie lange würde es – Ihrer Schätzung nach – dauern, bis Sie vollständig eingearbeitet sind?

– »Ich denke, dass die Probezeit durchaus ihre Berechtigung hat. Man geht ja generell davon aus, dass es bei komplexen Aufgaben etwa sechs Monate dauert, bis man alles im Griff hat, und vereinbart dementsprechend auch die Probezeit.

Insofern gehe ich davon aus, dass die Einarbeitungszeit der Probezeit entspricht.«

Probezeit ‡ Einarbeitungszeit

Anmerkung: Da haben Sie etwas falsch verstanden. Die Probezeit entspricht nicht der Einarbeitungszeit. In der Probezeit kann sich das Unternehmen ein Bild davon verschaffen, ob der Mitarbeiter zum Unternehmen passt, ob seine Fachkenntnisse gut genug sind, um die Anforderungen zu erfüllen, und ob er über soziale Kompetenzen verfügt. Sollte das nicht der Fall sein, kann man sich unproblematisch voneinander trennen.

+ »Gehen wir einmal davon aus, dass ich zum 1. Oktober bei Ihnen im Unternehmen beginne. Natürlich würde es einige Wochen dauern, bis ich mich eingewöhnt und eingearbeitet hätte ... Wenn ich Sie richtig verstanden habe, ist es von besonderer Bedeutung, dass der Engpass im Bereich Controlling beseitigt wird. In diesem Bereich habe ich jetzt schon jahrelang gearbeitet und Erfahrungen gesammelt. Natürlich unterscheidet sich die Thematik ein klein wenig, aber ich denke, dass ich die Prozesse zügig im Griff hätte. Ich gehe daher davon aus, dass ...«

Anmerkung: Generell ist diese Frage schwer zu beantworten. Sie müssten im Vorfeld in Erfahrung bringen, welche Aufgaben man Ihnen in den kommenden Monaten konkret übertragen würde. Andernfalls überlegen Sie sich rasch, welches Aufgabenfeld dem Arbeitgeber besonders wichtig ist. Wo benötigt er am dringendsten schnelle Unterstützung? Auf dieses Aufgabengebiet konzentrieren Sie sich bei Ihrer Aussage. Sie entwerfen auf diese Art und Weise und mit den oben genannten Formulierungen ein Bild im Kopf Ihres Gesprächspartners, von dem er sich nicht so leicht trennen kann. Diese Situation ist vergleichbar mit der folgenden Geschichte:

Ein Kopiergeräteverkäufer möchte dem Geschäftsführer eines Unternehmens einen neuen Kopierer verkaufen. Er besucht den Geschäftsführer in dessen Büro und stellt ihm einige Fragen, um unter anderem den Bedarf genauer ermitteln zu können: »Wer soll denn den Kopierer in Zukunft nutzen? Nur Ihr Büro oder alle Mitarbeiter im Haus?« – »Alle Mitarbeiter in unserem Unternehmen.« – »Wollen Sie Farbkopien oder nur Schwarz-Weiß?« – »Am liebsten beides.« – »Ah ja (macht sich Notizen). Wo soll denn der neue Kopierer stehen? Bei Ihnen im Büro oder an einer anderen Stelle?« – »Hm, ja, lassen Sie mich mal überlegen, am besten im Erdgeschoss, da haben wir am meisten Platz.« – »Ach ja, das habe ich ja eben beim Reinkommen gesehen. Gleich links unten in der Nische? Das wäre ja eigentlich ein gut erreichbarer Platz.« – »Ja, genau da soll der Kopierer hin.« – »Wann wäre denn ein guter Liefertag für Sie? Ein Montag, Dienstag oder ...? Wir sind da ganz flexibel.« – »Hm, ja, also das ist bei uns eigentlich egal. Wir sind immer besetzt. Aber dienstags ist unser Hausmeister da, der kann dann vielleicht auch noch behilflich sein ...« – »Also gut, dann der Dienstag. Vormittags gegen 10 Uhr?« – »Ja, das wäre sehr gut.« – »Ich habe schon gesehen, dass die Anlieferung nicht schwierig wird. Man kann ja direkt vor das Haus fahren.« – »Ja, da haben Sie recht, das ist sehr praktisch.«

+ Jetzt werden Sie sich zu Recht fragen, wieso der Verkäufer eigentlich schon so viele Fragen zur Anlieferung und zur Platzierung des Kopierers stellt, obwohl er ja eigentlich noch gar keinen Auftrag eingesammelt hat. Die Antwort ist ganz einfach: Er hat durch seine Fragen erreicht, dass sich der Geschäftsführer ein ganz genaues Bild davon macht, wie der Kopierer angeliefert wird, der Hausmeister zu Hilfe eilt und die Mitarbeiter schließlich im Erdgeschoss in der Nische am Kopierer stehen und Farbkopien anfertigen. Hat man ein solches Bild einmal im Kopf entworfen, dann fällt es schwer, sich davon wieder zu trennen und sich gegen einen neuen Kopierer zu entscheiden. Ganz ähnlich wie in diesem Beispiel sollen Sie dafür sorgen, dass sich Ihr Gegenüber im Vorstellungsgespräch ganz genau vorstellen kann, wie Sie an Ihrem Schreibtisch sitzen, mit den Kollegen reden, den Kunden betreuen und einen richtig guten Job machen!

95. Was spricht gegen Ihre Bewerbung?

– »Ich bin Ihr idealer Kandidat. Glauben Sie mir: Ich werde Sie nicht enttäuschen.«

Anmerkung: Das mag ja charmant vorgetragen sein. Überzeugen wird diese Antwort jedoch nicht. Sie müssen schon zeigen, dass Sie in der Lage sind, sich selbst zu reflektieren. Außerdem: Der Personaler hat in Ihren Bewerbungsunterlagen schon längst Schwachstellen entdeckt, die er hinterfragen wird und muss. Wenn Sie durch eine Frage selbst in die Lage gebracht werden, solche Stolpersteine im besten Licht zu präsentieren und eine neue Sichtweise aufzuzeigen, umso besser. Das ist wesentlich einfacher, als wenn Sie konkret auf »Probleme« angesprochen werden und sich dann rechtfertigen müssen.

Antworten Sie selbstbewusst

+ »Ich würde sagen, dass mein Lebensalter auf den ersten Blick ein Handicap darstellen könnte. Manchmal verknüpft man damit Unflexibilität oder auch beschränkte Lernbereitschaft. Ich sehe in meinem Lebensalter eher einen Vorteil. Auf der einen Seite bringe ich viel Erfahrung mit, auf der anderen Seite habe ich aber auch gelernt, dass Erfahrung nur dann wertvoll ist, wenn sie in die jeweilige Situation passt. Ich bin bereit, mich auf etwas Neues einzulassen. Ich arbeite gern zusammen mit anderen Menschen und darüber hinaus lerne ich sehr gern. Ich freue mich auf neue Aufgaben oder Herausforderungen und ich bin sicher, dass dies Eigenschaften sind, die auch bei Ihnen im Unternehmen etwas gelten.«

Anmerkung: Lassen Sie sich nicht einschüchtern. Zeigen Sie, dass Sie selbstbewusst sind und Ihre Vorzüge kennen. Gegen nahezu jeden Bewerber spricht irgendetwas. Warum sollte das bei Ihnen anders sein? Ihre Aufgabe besteht darin, Ihre Vorzüge und deren Nutzen zu präsentieren. Natürlich kennen Sie die Mängel in Ihrer Bewerbung und Ihr Gesprächspartner kennt sie auch. Glauben Sie nicht, dass Punkte, die nicht ausdrücklich angesprochen werden, keine Rolle spielen. Im Gegenteil: Punkte, die nicht angesprochen wurden, können auch nicht entkräftet werden und stellen später oft ein K.o.-Kriterium dar.

96. Aus welchen Gründen sollten wir uns für Sie entscheiden?

– (Schulterzucken) »Puh … na ja, also …«
Anmerkung: Schon zu spät. Ganz egal, wie Ihre Antwort jetzt weitergeht. Sie kann nicht mehr überzeugen. Durch Ihre Körpersprache (das Schulterzucken) haben Sie zum Ausdruck gebracht, dass Sie auch nicht genau wissen, warum man sich für Sie entscheiden sollte. Doch wenn Sie selbst Ihre Vorzüge nicht kennen und an sich glauben, warum sollte es dann ein anderer tun?

+ »Ich habe mich für diese Stelle beworben, weil mich das Unternehmen und die beschriebene Aufgabe sehr angesprochen haben. Nachdem wir ausführlich über den Aufgabenbereich gesprochen haben und ich ein noch besseres Bild über die Anforderungen gewonnen habe, möchte ich an meiner Bewerbung festhalten. Ich bin den Aufgaben gewachsen und bin sicher, dass ich sehr schnell wertvolle Beiträge zum Unternehmenserfolg leisten kann. In dem einen oder anderen Bereich werde ich sicherlich noch etwas dazulernen und mich einarbeiten müssen, aber ich bin sicher, dass ich schnell einen guten Kontakt zu den Kollegen aufbauen kann und dort Unterstützung finden werde. Haben Sie schon konkrete Vorstellungen, wie die Einarbeitung aussehen wird?«
Anmerkung: Es ist wichtig, dass Sie mehr als nur kurze Antworten geben. Sprechen Sie ein paar Sätze am Stück, verwenden Sie eine bildhafte Sprache und bauen Sie Ihre Vorteile geschickt ein. Wer spricht, lenkt, was der andere denkt. Schaffen Sie Realitäten. Beschreiben Sie Situationen so, wie Sie diese in der Realität sehen.

97. Was unterscheidet Sie von anderen Bewerbern?

–   »Dazu müsste ich die anderen Bewerber erst einmal sehen …«
    Anmerkung: Sehr lustig und treffend, aber leider haben Sie
    eine Chance vertan. Die Frage könnte auch lauten »Warum
    sollen wir uns für Sie entscheiden?« (Siehe oben.) Sie haben
    jetzt die wunderbare Gelegenheit, noch einmal Ihre Stärken
    anzusprechen, diese mit der Stellenausschreibung in Einklang
    zu bringen und sich als den Top-Kandidaten zu präsentieren.
    Dann können Ihnen die anderen ja ohnehin nicht das Wasser
    reichen, oder? Wenn nicht Sie selbst in der Lage sind, Ihre
    Vorzüge zu präsentieren, und sich für einen aussichtsreichen
    Kandidaten halten, warum sollten das dann andere tun? Ein
    gesundes Maß an Selbstvertrauen ist durchaus angebracht,
    aber bitte ohne großspurig oder arrogant zu wirken!

+   »Ich habe mittlerweile einen sehr guten Überblick über die
    Anforderungen der ausgeschriebenen Stelle bekommen und
    ich glaube, dass ich ebenfalls einen guten Eindruck davon
    gewinnen konnte, wie die ideale Besetzung aussieht. Lassen Sie
    mich drei wesentliche Punkte herausgreifen …«

Den Nutzen heraus-
stellen

Anmerkung: Führen Sie Ihre Berufserfahrung und Ihre Stärken an. Machen Sie deutlich, welchen Nutzen der neue
Arbeitgeber von Ihren Kompetenzen hat und dass er einen
Fehler machen würde, wenn er sich gegen Sie entscheidet. Um
dies zu erreichen, müssen Sie Ihre Vorteile in die Sprache und
das Umfeld Ihres Gesprächspartners übertragen. »Ich bin
belastbar, flexibel und teamorientiert« hört sich zwar gut an,
in Wirklichkeit sagt das aber zunächst gar nichts aus.

98. Wann könnten Sie bei uns anfangen?

–   »Zum 1. November. Ich habe allerdings Anfang Dezember
    eine Woche Skiurlaub mit meiner Familie gebucht. Es wäre
    mir sehr wichtig, dass ich den Urlaub trotzdem nehmen dürfte.
    Ich weiß, das ist in der Probezeit unüblich, aber es ist schon
    alles gebucht und die Kinder freuen sich so.«

Anmerkung: Nein, bitte nicht! Wenn Ihnen die Frage nach dem Eintrittstermin gestellt wird, dann ist das ein wirklich gutes Zeichen. Man interessiert sich nur für Ihren Eintrittstermin, wenn man sich auch ernsthaft für Sie interessiert. Erschreckend häufig fragen die Klienten in unseren Beratungsgesprächen, ob sie ihren gebuchten Urlaub beim neuen Arbeitgeber erklären beziehungsweise beantragen sollen. Die Antwort lautet schlicht und ergreifend »Nein«. Das geht nicht. Ganz egal wie nett Sie die Frage formulieren. Wenn Sie diesen Job zum 1. November haben wollen, dann müssen Sie Ihren Urlaub sausen lassen. Alternativ hätten Sie nur die Möglichkeit, zu sagen, dass Sie am 15. Dezember anfangen könnten …

+ »Meine Kündigungsfrist beträgt drei Monate. Ich könnte Ihnen also ab dem 1. November diesen Jahres zur Verfügung stehen. Ich habe auch noch drei Wochen Resturlaub und könnte gegebenenfalls mit meinem Vorgesetzten sprechen, ob ich diesen Urlaub bis zum 1. November hin nehmen könnte. Dann könnte ich bereits zum 9. Oktober bei Ihnen eintreten. Bis dahin hätte ich es sicher auch geschafft, meine bestehenden Projekte sauber zu übergeben und einem früheren Weggang würde nichts mehr im Wege stehen.«

Sie wollen den Job unbedingt!

Anmerkung: Wow! Sie wollen diesen Job unbedingt, oder? Wenn Sie dafür sogar auf Resturlaub verzichten … Außerdem haben Sie noch zum Ausdruck gebracht, dass Sie einen verantwortungsbewussten Weggang planen und Ihre Projekte sauber übergeben wollen.

Fragen zu Ihren persönlichen und beruflichen Zielen

99. Wo möchten Sie in fünf Jahren stehen?

– »Dann hätte ich gern Ihren Stuhl (lacht). Nein, im Ernst, ich habe hohe Ziele und sehe in dieser Position einen hervorragenden Einstieg, um viel für die Zukunft zu lernen und eine gute Basis zu legen. Ich denke, es ist wichtig, dass man sich ehrgeizige Ziele steckt und diese ambitioniert und mit Durchhaltevermögen verfolgt ...«

Anmerkung: Haben Sie schon mal davon gehört, dass Schmidt angeblich nur Schmidtchen einstellt? Ganz sicher wird sich der Personaler niemanden ins Haus holen, der ihm den Kampf ansagt. Solche Bemerkungen können witzig gemeint sein, sind aber völlig unangemessen in einem Vorstellungsgespräch. Die Formulierung »eine gute Basis« legen, lässt den Verdacht aufkommen, dass Sie auf dem Sprung sind und sich alsbald schon nach einem neuen, besseren Job umsehen wollen. Auch nicht gerade eine Erfolgsgarantie für das Job-Interview.

+ »Vielleicht sind Sie jetzt auch enttäuscht, aber ich habe noch keine konkrete Vorstellung, welche Position ich in fünf Jahren innehaben möchte. Mir geht es im Moment darum, mich einzuarbeiten und meinen Beitrag zu leisten. Ich bin sicher, dass sich dann weitere wichtige und interessante Aufgaben oder Projekte finden lassen. Ich weiß sehr wohl, dass persönliche Karriereziele wichtig sind, aber im Moment ist mein oberstes Ziel, meinen Job gut zu machen und nicht sofort nach dem nächsten Stuhl Ausschau zu halten.«

Konkrete Vorstellungen von der eigenen Karriere

Anmerkung: Die Frage könnte auch anders lauten: »Welche beruflichen Ziele verfolgen Sie?« Vielleicht ist Ihr beruflicher Werdegang ja auch ein Zufallsprodukt, aber glauben Sie uns: Die meisten Personaler mögen es, wenn Bewerber konkrete Vorstellungen von ihrer weiteren Karriere haben. Vorausgesetzt, sie berücksichtigen die Interessen des Arbeitgebers. Natürlich kann man auch einmal witzig sein, noch besser ist es aber, wenn Humor mit Geist kombiniert wird. Zeigen Sie, warum Sie sich bei diesem Unternehmen beworben haben und dass Sie auch erst einmal dort bleiben wollen. Betonen Sie aber gleichzeitig Ihre Bereitschaft, sich weiterzuentwickeln und Chancen zu nutzen.

100. Haben Sie einen Traum?

- »Oh ja, ich träume davon, eines Tages auszuwandern ...«
  Anmerkung: Hoppla! Zwar träumen nicht wenige Menschen davon, auszuwandern und ihr Glück anderswo zu suchen, aber für jemanden, der gerade eine loyale und zuverlässige Besetzung sucht, ist das sicher ganz und gar keine traumhafte Antwort ... Sie befinden sich bei solch einer Frage auf einer gefährlichen Gratwanderung: Einerseits müssen und sollen Sie Träume haben. Andererseits dürfen diese nicht zu exotisch sein.
- + »Ich denke, dass jeder Mensch Träume hat, so natürlich auch ich. Aber es ist auch wichtig, dass es nicht nur beim Träumen bleibt. Hin und wieder sollte ein Wunsch auch in Erfüllung gehen. Ich würde unheimlich gern mal auf dem Rücken eines Pferdes durch die Rocky Mountains reiten ...«
  Anmerkung: Der Interviewer möchte Sie kennenlernen. Möchten Sie Geige spielen lernen? Oder eine Fahrradtour über die Alpen machen? Geben Sie etwas von sich preis!

101. Hatten Sie einen alternativen Lebensplan – was hätten Sie gern gemacht, wenn alles möglich gewesen wäre?

- »Ich bin genau da, wo ich immer sein wollte ...«
  Anmerkung: Ach, kommen Sie! Hatten wir nicht alle schon mal andere Pläne? Denken Sie nur daran, was Kinder werden wollen: Krankenschwester, Astronaut, Profisportler oder Tierarzt lagen doch sicher schon mal in greifbarer Nähe, oder?
- + »Wenn Sie mich so fragen ... wenn alles möglich wäre, dann wäre ich gern Balletttänzerin geworden oder Pianistin. Ich habe als Kind jahrelang Klavierunterricht gehabt. Zwar wusste ich das damals nicht so richtig zu schätzen und war sehr oft auch alles andere begeistert davon, Klavier üben zu müssen. Heute bin ich zwar keine sonderlich gute Spielerin, aber ich mag klassische Musik sehr, besuche regelmäßig Konzerte und

weiß viel besser zu schätzen, was es bedeutet, die Finger fehlerfrei und exzellent über die Tasten fliegen zu lassen ...«

Anmerkung: Kritisch wird es erst dann, wenn Sie beispielsweise angeben, am liebsten Psychologie studiert zu haben, der Abinotenschnitt dafür aber leider nicht gereicht hat ... Dann sieht es so aus, als wäre Ihre BWL-Studium leider nur zweite Wahl gewesen!

Rund um das Thema Gehalt

102. Welche Gehaltsvorstellungen haben Sie?

– »60.000 Euro im Jahr. Ich habe mich erkundigt, das ist ein marktübliches Gehalt.«

   Anmerkung: Und jetzt? Wie soll der Personaler jetzt reagieren? Sind wir auf dem Bazar und er wirft jetzt ebenfalls eine Summe ins Rennen und man einigt sich dann irgendwo in der Mitte? Die Aussage zum Gehalt muss sympathisch präsentiert und nicht womöglich noch mit einem kampfeslustigen Blick kombiniert werden. Den meisten Menschen fällt es schwer, über Geld zu reden. Sie poltern dann schnell einen Satz heraus und warten ab, wie der andere reagiert. Keine erfolgversprechende Methode.

Verbauen Sie sich keinen »Nachschlag« nach oben!

– »Ich habe mir im Vorfeld viele Gedanken über die Anforderungen an diese Stelle gemacht. Nachdem wir sehr ausführlich über die Aufgaben gesprochen haben, habe ich ein noch klareres Bild gewonnen und ich bin sicher, dass ich den Anforderungen gewachsen bin. Meine Gehaltsvorstellung liegt zwischen 52.000 und 56.000 Euro Jahreseinkommen. Ich weiß, dass das viel Geld ist. Ich bin aber auch bereit, mich daran messen zu lassen.«

   Anmerkung: Der Spruch »Über Geld spricht man nicht« gilt bestimmt nicht für das Vorstellungsgespräch. Wichtig ist, dass Sie nicht nur ein paar Zahlen in den Raum stellen und dann abwarten, wie der Personaler darauf reagiert. Hier geben Sie einen sehr groben und großzügigen Gehaltsrahmen an. Was machen Sie, wenn der Interviewer sich dann an der niedrigsten Zahl orientiert? Mit dieser Antwort verbauen Sie sich sämtliche Verhandlungsmöglichkeiten und ein »Nachschlag« nach oben ist ausgeschlossen.

+ »Ich habe mir im Vorfeld viele Gedanken über die Anforderungen an diese Stelle gemacht. Nachdem wir sehr ausführlich über die Aufgaben gesprochen haben, habe ich ein noch klareres Bild gewonnen und ich bin sicher, dass ich den Anforderungen gewachsen bin. Meine Gehaltsvorstellung liegt bei 54.000 Euro Jahreseinkommen. Ich weiß, dass das viel Geld ist. Ich bin aber auch bereit, mich daran messen zu lassen.«

Anmerkung: Wir empfehlen Ihnen eine klare Ansage und eine konkrete Gehaltsforderung! Untermauern Sie Ihre Vorstellungen, indem Sie die verantwortungsvolle Position wiederholen, die das Gehalt rechtfertigt, und machen Sie deutlich, dass Sie sich an den Anforderungen gern messen lassen. Diese Antwort passt im Übrigen auf nahezu jede Frage zum Gehaltswunsch. Wichtig ist, dass Sie nicht im ersten Satz eine Summe nennen und danach in Schweigen verfallen. Führen Sie stattdessen zuerst aus, welche Anforderungen und Aufgaben mit der Stelle einhergehen und dass Sie bereit sind, Ihren Gehaltsansprüchen gerecht zu werden.

Souveräner Umgang mit unerlaubten Fragen

Im Vorstellungsgespräch sind grundsätzlich alle Fragen unzulässig, die den Privatbereich des Bewerbers betreffen und nichts mit der eigentlichen Aufgabe zu tun haben. Hintergrund ist der Schutz des Persönlichkeitsrechts und das Recht auf Gleichbehandlung. Nach dem Allgemeinen Gleichbehandlungsgesetz (AGG) darf niemand aufgrund seiner ethnischen Herkunft, des Geschlechts, der Religi-

Allgemeines Gleichbehandlungsgesetz (AGG)

on, der Weltanschauung, der sexuellen Identität, einer Behinderung oder aufgrund des Alters benachteiligt werden. Wer nun allerdings glaubt, dass deshalb von keinem Personaler mehr die Klassiker-Frage »Sind Sie schwanger?« gestellt wird, liegt mit dieser Einschätzung falsch. Ob aus Unwissenheit des Personalers oder aufgrund von besonderem Interesse an Ihrer Person – rechnen Sie besser mit unerlaubten Fragen und überlegen Sie sich vorab genau, wie Sie damit umgehen möchten. Offiziell dürfen Sie auf diese Fragen mit einer Notlüge reagieren oder die Antwort verweigern.

103. Gehören Sie einer Partei an?

– »Ja, es ist heutzutage doch wichtig, sich zu engagieren. Gerade wo so viele jüngere Leute sich nicht mehr für die Politik interessieren.«
Anmerkung: Klar ist, dass diese Frage grundsätzlich zu den unerlaubten Fragen in einem Vorstellungsgespräch gehört, sofern kein unmittelbarer Zusammenhang zur ausgeschriebenen Stelle besteht. Sie sollten sich überlegen, ob Sie überhaupt irgendwo arbeiten wollen, wo Ihnen von vornherein unerlaubte Fragen gestellt werden.

+ »Bitte entschuldigen Sie, ich habe Ihre Frage noch nicht richtig verstanden. Oder besser gesagt ist mir noch nicht klar, inwiefern ein solches Engagement Auswirkungen auf die Aufgabe haben sollte. Ich finde Engagement durchaus wichtig, aber das muss ja nicht zwingend politisch sein. Meine Frau und ich unterstützen zum Beispiel die ›Tafel‹, das ist ein tolles Projekt. Kennen Sie das? Dort …«

104. Sind Sie Mitglied des Betriebsrats?

+ »Bitte entschuldigen Sie, ich habe Ihre Frage noch nicht richtig verstanden. Oder besser gesagt ist mir noch nicht klar geworden, warum das für die ausgeschriebene Stelle von Bedeutung ist!?«

Anmerkung: Diese Frage ist ebenfalls generell unzulässig. Meist wird es Ihnen nicht zum Nachteil gereichen, wenn Sie nicht Mitglied des Betriebsrats sind. Wenn Sie wollen, können Sie das dann durchaus sagen.

105. Was haben Sie bei Ihrer früheren Anstellung verdient?

– »Hier ist meine Gehaltsabrechnung. Es sind genau 50.000 Euro im Jahr gewesen.«

Anmerkung: Frühere Vergütungen sind nur dann berechtigterweise fragwürdig, wenn die Vergütung Rückschlüsse auf die damit einhergehende Verantwortung zulässt und diese für die neue Position von Bedeutung ist. Ansonsten ist es nicht gestattet, nach dem früheren Verdienst zu fragen, und Ihre Gehaltsabrechnung präsentieren Sie ohnehin nicht!

Nicht gestattet!

106. Möchten Sie in der nächsten Zeit eine Familie gründen?

– »Darauf möchte ich nicht antworten.«

Anmerkung: Die Frage ist, ob Sie sich einen Gefallen tun, den Personaler damit zu konfrontieren, dass er Ihnen eine unzulässige Frage gestellt hat, die Antwort zu verweigern oder schlichtweg zu lügen. Sie wissen, dass solche Fragen vorkommen, und können vorher überlegen, wie Sie damit umgehen wollen. Grundsätzlich stecken auch in diesen unerlaubten Fragen Chancen für den Bewerber. Wird ein Mann (unerlaubterweise) gefragt, ob er Familie hat, kann er mit einem »Nein« ins Schleudern kommen, weil mit dieser Antwort mangelnde Verantwortungsbereitschaft verknüpft wird. Besser ist eine ausweichende Antwort, die Ihren Gesprächspartner zufriedenstellt und Ihnen keine Steine in den Weg legt.

+ »Mein Mann und ich sind uns einig, dass wir beide jetzt, so frisch nach dem Studium, erst einmal beruflich Fuß fassen wollen. Grundsätzlich haben wir eine gleichberechtigte Auffassung von Partnerschaft und Familie und daher steht es uns beiden jetzt erst einmal zu, nach dem Studium zu arbeiten und uns etwas aufzubauen. Auf lange Sicht könnte eine Familiengründung zwar durchaus denkbar sein, das ist aber definitiv kein Thema in den kommenden fünf Jahren. Dafür fühlen wir uns noch viel zu jung.«

Authentisch und glaubhaft antworten

Anmerkung: Es gibt so viele Frauen, die im Vorstellungsgespräch angeben, dass Kinder kein Thema sind. Nicht jetzt und auch nicht in Zukunft. Das kann gar nicht immer der Wahrheit entsprechen, muss es in diesem Fall ja auch nicht. Bedenken Sie jedoch, dass Sie authentisch und glaubhaft sein müssen, um im Job-Interview zu überzeugen. Ein saloppes Beispiel: Wenn eine angehende Kindergärtnerin erzählt, sie wolle selbst auf gar keinen Fall Kinder, so ist das unter Umständen nicht sehr überzeugend oder zumindest fragwürdig ... Tatsache ist: Viele Personaler können sich Fragen nach Kinderplänen nicht verkneifen, obwohl kein Zusammenhang mit der zu besetzenden Stelle besteht und die Frage daher unzulässig ist. Der Bewerber hat dann das Recht, zu lügen oder nicht zu antworten. Generell unzulässig sind Fragen nach

❑   privaten Plänen (zum Beispiel Heirat, Familienplanung),
❑   Schwangerschaft,
❑   Gesundheit, Krankheit, Behinderung,
❑   Beruf des Lebenspartners, der Eltern, Geschwister etc.,
❑   Gewerkschafts-, Partei- oder Religionszugehörigkeit,
❑   Austritts- und Kündigungsgrund im früheren Unternehmen,
❑   öffentlichen Ämtern und Ehrenämtern
❑   Mitgliedschaft in Vereinen, Organisationen und Verbänden,
❑   privaten Vermögensverhältnissen,
❑   Vorstrafen,
❑   früheren Arbeitsvergütungen (weil diese dazu dienen könnten, Lohnansprüche des Bewerbers zu senken).

Ausnahmen bestätigen jedoch die Regel: Fragen nach der Privatsphäre, Konfession, Partei, Schwangerschaft und Vorstrafen können zulässig sein, wenn sie in unmittelbarem Zusammenhang mit der zu besetzenden Stelle stehen:

❑ Eine Mitarbeiterin bei einer kirchlichen Organisation muss mit der Frage nach ihrer Religionszugehörigkeit rechnen und diese dann auch wahrheitsgemäß beantworten.

❑ Wenn Sie sich um eine Vertrauensposition oder bei einer Bank bewerben, ist die Frage nach Vorstrafen oder die Bitte um Vorlage eines polizeilichen Führungszeugnisses erlaubt.

❑ Eine Schwangere muss ihren Umstand dann offenlegen, wenn eine Beschäftigung auf der neu zu besetzenden Stelle aufgrund des Mutterschutzgesetzes nicht zulässig ist. Ein mutterschutzrechtliches Beschäftigungsverbot besteht zum Beispiel bei Infektionsgefahr, bei schwerer körperlicher Arbeit, bei Kontakt mit gesundheitsgefährdenden Stoffen und bei Tätigkeiten mit erhöhter Unfallgefahr.

❑ Behindert oder beeinträchtigt Ihre Krankheit die Ausübung Ihrer beruflichen Tätigkeit, mindert sie Ihre Leistungs- und Einsatzfähigkeit auf dem vorgesehenen Arbeitsplatz oder gefährdet sie Personen im beruflichen Umfeld wie zum Beispiel Kollegen, Kunden, Patienten usw., haben Sie gegenüber Ihrem zukünftigen Arbeitgeber eine Offenbarungspflicht. Auch eine akute oder ansteckende Krankheit dürfen Sie keinesfalls verschweigen und müssen die Frage des Personalers wahrheitsgemäß beantworten. Nach einer HIV-Infektion darf im Allgemeinen nicht gefragt werden, da es sich bei einer Infektion (noch) nicht um eine Krankheit handelt.

❑ Die Frage nach Behinderungen ist nur dann zulässig, wenn sie einen konkreten Bezug zum zukünftigen Arbeitsplatz hat. Die Frage nach einer Schwerbehinderung ist in Fällen zulässig und wahrheitsgemäß zu beantworten, in denen der Arbeitgeber aufgrund des arbeitsplatzbezogenen Anforderungsprofils ein besonderes Informationsbedürfnis hat. Bei Schwerbehinderungen sind gesetzliche Vorschriften zu beachten.

Wenn Sie als Bewerber mit unzulässigen Fragen konfrontiert werden, haben Sie offiziell das »Recht zur Lüge«. Sie können die

Das »Recht zur Lüge«

Antwort auf eine solche Frage auch verweigern. Unzulässige Fragen werden oft nicht aufgrund von Unwissenheit oder mangelnder Sensibilität gestellt, sondern zeugen von Interesse an Ihrer Person. Interesse an Ihrer Person hat nur, wer sich vorstellen kann, dass Sie der passende Kandidat für die zu besetzende Stelle sind. Dafür möchte man Sie mit allen Facetten näher kennenlernen. Eine unzulässige Frage ist daher nicht zwingend ein Zeichen von mangelnder Wertschätzung oder Diskriminierung. Unserer Meinung nach sollten Sie sich von eigentlich unzulässigen Fragen nicht aus der Bahn werfen lassen, sondern souverän und freundlich damit umgehen. Das bedeutet, eben nicht die Antwort zu verweigern, sondern dem Wunsch nachzukommen, Sie etwas näher kennenzulernen. Zumindest vermeintlich. Denn ob Ihre Antwort der vollen Wahrheit entspricht, wissen nur Sie selbst.

Fragen, die Sie selbst stellen sollten

Nachdem Sie auf Herz und Nieren geprüft wurden, werden Sie in der Regel gefragt, ob Sie selbst noch Fragen haben, die bisher nicht erörtert wurden. Denken Sie nicht, dass es sich hierbei nur um eine Höflichkeitsfloskel handelt. Mit Ihren Fragen signalisieren Sie neben Selbstbewusstsein und Eigeninitiative auch Ihr Interesse und eine professionelle Einstellung.

Herr Eilig hat ein Vorstellungsgespräch bei der Firma Konkret. Er ist pünktlich zum Vorstellungsgespräch erschienen, hat einen guten ersten Eindruck hinterlassen und diesen im Wesentlichen auch im folgenden Interview bestätigt. Sein Gesprächspartner, Herr Schlau, hätte sich zwar gewünscht, dass Her Eilig etwas ausführlicher auf so manche Frage eingeht, aber im Großen und Ganzen hat er ein erfreulich positives Bild gewonnen. Nun, da sich das Gespräch dem Ende neigt, fragt Herr Schlau Herrn Eilig, ob er denn zum Abschluss des Gesprächs noch Fragen hätte. Herr Eilig jedoch macht seinem Namen alle Ehre und antwortet: »Nein, vielen Dank. Sie haben mir bereits alles so ausführlich erklärt, dass ich keinerlei Fragen mehr habe.« Was soll man dazu sagen? Chance vertan!

Das Vorstellungsgespräch ist erst zu Ende, wenn es zu Ende ist. **Natürlich haben Sie**
Fragt man Sie gegen Ende des Interviews, ob Sie noch Fragen, **noch Fragen!**
haben, dann haben Sie selbstverständlich immer noch welche! Wer
zuvor genau zugehört hat, kann jederzeit noch Fragen stellen.
Fragen signalisieren Interesse und ermöglichen dem Gesprächspartner, sich gegebenenfalls zu korrigieren. Wenn Bewerber über-
stürzt das Interview verlassen, indem sie keinerlei eigene Fragen
mehr stellen, so liegt das meist daran, dass sie so schnell wie
möglich aus der gefühlten Hölle namens Vorstellungsgespräch
fliehen wollen und sich innerlich sagen: »Gott sei Dank, endlich
fertig, jetzt bloß schnell weg hier!« Dieses Verhalten erzeugt beim
Interviewpartner das ungute Gefühl, dass man sich nicht für das
weitere Gespräch mit ihm interessiert und den »Rest« nun so kurz
wie möglich halten möchte. Und mal ganz abgesehen davon: Wenn
Sie jetzt keine Fragen mehr haben, dann hätte Ihre Bewerbung
eigentlich noch viel präziser sein müssen …

Nicht jede Frage ist eine gute Frage. Sie sollten vorwiegend Fragen **Fragen, die Ihrer Ent-**
auswählen, die Ihrer Entscheidungsfindung dienen. Auch Sie **scheidungsfindung**
müssen ja herausfinden, ob Ihr Gegenüber (beziehungsweise das **dienen**
Unternehmen) zu Ihnen passt. Genau wie das Unternehmen
herauszufinden versucht, wen man da so vor sich hat. Vergegen-
wärtigen Sie sich also, dass Sie ein gleichwertiger Gesprächspartner
und kein unterwürfiger Bittsteller sind. Es steht Ihnen zu, Fragen
zu stellen, und noch dazu erzeugen Sie dadurch einen interessierten
und aufmerksamen Eindruck. Ein Vorstellungsgespräch ist von
Fragen, Fragen und nochmals Fragen gekennzeichnet. Die meisten
Fragen werden Ihnen als Bewerber vom Personaler gestellt und es
liegt an Ihnen, überzeugend zu antworten. Ihr Gesprächspartner
möchte sich innerhalb von 60 bis 90 Minuten ein umfassendes Bild
von Ihnen machen können: Ihre Motivation, Leistungsbereitschaft, Teamfähigkeit, Führungsvermögen etc. stehen auf dem
Prüfstand.
Ein Vorstellungsgespräch ist also kein Vorstellungsverhör. Darum
sollen und dürfen Sie auch Fragen stellen. Doch Frage ist nicht
gleich Frage. Bevor Sie Ihr eigenes Frage-Pulver unnötig verschie-

ßen, machen Sie sich mit den Grundsätzen einer guten Fragetechnik vertraut und erfahren Sie, welche Fangfragen sich hinter den scheinbar harmlosen suggestiven Äußerungen Ihres Gegenübers verbergen kann.

Fragetechniken

Geschlossene Fragen

Geschlossene Fragen sind solche, auf die der Gesprächspartner mit »Ja« oder »Nein« antworten kann. Zum Beispiel: »Lesen Sie gerne?« – »Ja.«

Das Prinzip: Je mehr eine Frage den Antwortenden festlegt, desto geschlossener ist sie. Man spricht daher nicht nur von ganz geschlossenen, sondern auch von relativ geschlossenen Fragen.

Erklärung: Eine ganz geschlossene Frage kann nur mit »Ja« oder »Nein« beantwortet werden. Eine relativ geschlossene Frage hört sich folgendermaßen an: »Wann treffen wir uns?« oder »Wo treffen wir uns?«. In beiden Fällen kann der Gesprächspartner zwar nicht mit »Ja« oder »Nein« antworten, wird aber auch nicht zu einer langwierigen Antwort ansetzen, sondern schnell zum Punkt kommen. Die Antworten könnten kurz und knapp lauten: »Am 12.12.« oder »Vor dem Haus«.

Tipp Wenn Sie einen Dialog führen möchten, so tun Sie sich keinen Gefallen damit, ganz oder relativ geschlossene Fragen zu stellen. Sie erfahren dabei von Ihrem Gesprächspartner sehr wenig und geraten selbst sehr schnell unter Druck, sich aufs Neue eine Frage überlegen zu müssen. In der Folge kann das Gespräch für Sie durchaus anstrengend werden, weil Sie ständig auf der Suche nach neuen Themen/Fragen sind.

z.B. Ein Ehepaar unterhält sich über Urlaubspläne.
Sie: »Ich würde nächstes Jahr gern noch einmal nach Spanien fliegen. Du auch?«
Er: »Ach nein, lieber nicht.«
Sie: »Welches Urlaubsziel stellst du dir vor?«

> Er: »Italien wäre schön.«
> Sie: »Italien also. Und wo genau?«
> Er: »Am Gardasee. Da waren wir schon lange nicht mehr.«
> Sie: »Sollen wir ein Ferienhaus oder ein Hotel nehmen?«
> Er: »Ein Ferienhaus. Das ist billiger.«
> ...

In diesem Beispiel hat die Frau zwar letzten Endes erreicht, genauere Vorstellungen über die Urlaubspläne ihres Mannes zu gewinnen. Sie musste aber sehr oft nachfragen, um an entsprechende Informationen zu gelangen. Man sieht an diesem Beispiel jedoch auch sehr gut, dass geschlossene Fragen bei Bedarf gezielt eingesetzt werden können, um eine Entscheidungsfindung herbeizuführen. Geschlossene Fragen sind also nicht per se schlecht, sondern können – sinnvoll eingesetzt – hilfreich sein.

Offene Fragen
Auf offene Fragen muss man ausführlicher antworten. Eine kurze Ja/Nein-Antwort ist aufgrund der offenen Frage unmöglich.
Das Prinzip: Je offener die Antwortmöglichkeit, desto offener ist auch die Frage.
Erklärung: Offen ist eine Frage also immer dann, wenn der Gesprächspartner frei und unbefangen antworten kann. Nur noch relativ offen ist die Frage, wenn sie eine bestimmte Richtung vorgibt. Dabei ist klar, dass sich die Antwort an der konkret gerichteten Frage orientiert (zum Beispiel: »Was wissen Sie über die Schwierigkeiten, die bei einem Stellenwechsel auftreten können?«).

Wenn Sie Informationen bekommen möchten und entsprechende Fragen an den Personaler im Bewerbungsgespräch stellen, dann achten Sie darauf, dass es sich um offene Fragen handelt. Auch im Smalltalk lässt sich mit offenen Fragen ein stressloseres Gespräch führen, weil es einfacher ist, auf (ausführlichere) Antworten des Gegenübers einzugehen.

z.B.
- »Was versprechen Sie sich von einem Stellenwechsel?«
- »Was denken Sie über ...?«
- »Wie beurteilen Sie das?«
- »Welche Erfahrungen haben Sie mit dem Verfahren XY gemacht?«
- »Was wissen Sie über die Schwierigkeiten, die bei einem Stellenwechsel auftreten können?«

Alternativfragen

Bei Alternativfragen stellt man den Gesprächspartner vor verschiedene Möglichkeiten, unter denen er sich entscheiden soll.

Das Prinzip: Man konfrontiert sein Gegenüber mit Wahlmöglichkeiten wie zum Beispiel: »Mögen Sie Kaffee oder Tee?«

Erklärung: Die meisten Menschen entscheiden sich genau zwischen diesen beiden Möglichkeiten und ziehen nicht in Betracht, dass es noch eine dritte, vierte oder gar fünfte Alternative gibt, die jedoch nicht genannt wurde. Es ist durchaus erlaubt, sich für eine nicht genannte Alternative zu entscheiden und in diesem Beispiel nach einem Glas Mineralwasser zu fragen.

Tipp Lassen Sie sich nicht aufs Glatteis führen. Sie müssen nicht »wie aus der Pistole geschossen« auf jede Frage parieren. Das sieht dann doch eher wie auswendig gelernt aus. Lassen Sie sich kurz Zeit, entgehen Sie der Gefahr, sich bei der Alternativfrage für eine der genannten (und womöglich unzutreffenden) Möglichkeiten zu entscheiden.

z.B.
- »Passt es Ihnen besser am 1. März oder am 1. Oktober 2009?«
- »Warum wollen Sie den Job wechseln? Verstehen Sie sich nicht so gut mit Ihrem neuen Vorgesetzten? Oder wollen Sie grundsätzlich lieber in flacheren Hierarchien arbeiten?«
- »Warum haben Sie Ihren letzten Job gekündigt, ohne eine neue Anstellung in der Tasche zu haben? Lag es an Auseinandersetzungen mit den Vorgesetzten? Oder daran, dass Sie so viel reisen mussten?«

Suggestivfragen

Suggestivfragen liefern die Antworten gleich mit.

Das Prinzip: Diese Frageart ist eine unterstellende Vermutung, die nicht unbedingt zutreffen muss. Man ist in der Folge geneigt, sich zu rechtfertigen und zu erklären, dass diese Unterstellung nicht der Wahrheit entspricht.

 Auch hier ist es ohne Weiteres möglich, nicht auf die konkret gestellte Frage einzugehen und sich zu rechtfertigen, sondern eine andere und treffendere Beschreibung als Antwort zu liefern.

- ❏ »Sie haben sicher wie die meisten Ihrer Kollegen gewusst, dass es Ihrem Unternehmen wirtschaftlich schlecht geht, oder?«
- ❏ »Sie haben doch sicher eine gesunde Portion Ehrgeiz und wollen die Karriereleiter noch weiter emporklettern, stimmt's?«

Wie geht es weiter?

107. Thema »Bewerbungsprozess«

+ »Wie geht es im Bewerbungsverfahren weiter?«
+ »Wann darf ich mit einer Rückmeldung von Ihnen rechnen?«

   Anmerkung: Für Sie ist es wichtig, zu erfragen, wie der Bewerbungsprozess nun weitergeht. Wann wird man sich bei Ihnen melden? Wie geht es dann weiter? Eine Antwort auf diese Frage zeigt Ihnen auch, ab wann Sie nachfassen können.

108. Thema »Ihre Person«

– »Welchen Eindruck haben Sie von mir gewonnen?«

   Anmerkung: Stopp, der selbstbewusste Kandidat braucht nicht zu fragen, wie man ihn einschätzt. Er ist davon überzeugt, eine gute Besetzung für die ausgeschriebene Stelle zu sein. Darüber hinaus ist er in der Lage, sich selbst zu reflektieren, und weiß, wie er sich im Vorstellungsgespräch »geschlagen« hat.

+ »Haben Sie Bedenken, die gegen mich sprechen und über die
   wir noch einmal reden sollten?«

   Anmerkung: Sie sind vielleicht überrascht, dass wir eine solche
   Frage vorschlagen. Aber bedenken Sie: Wenn es Punkte gibt,
   die gegen Sie sprechen, dann hat der Interviewer diese ohnehin
   schon längst entdeckt. Auf diese Art und Weise verschaffen Sie
   sich die Gelegenheit, eventuell kritische Punkte erklären und
   Bedenken widerlegen zu können.

109. Fragen zu Job und Arbeitsplatz

+ »Warum wurde diese Position ausgeschrieben?« (Wurde die
   Stelle neu geschaffen, hat sich der bisherige Stelleninhaber
   intern oder extern verändert? Hieraus lässt sich unter Umständen mehr ableiten: Arbeitet mich mein Vorgänger ein? Wenn
   sich mein Vorgänger intern verändert hat, scheint es innerbetriebliche Entwicklungsmöglichkeiten zu geben.)

+ »Wer arbeitet mich ein? Wie viel Zeit haben Sie für die
   Einarbeitung vorgesehen?«

+ »Welches sind aus Ihrer Sicht die wesentlichen Herausforderungen für diese Stelle?«

+ »Worin sehen Sie die wesentlichen Herausforderungen in
   dieser Abteilung?«

+ »Wer wird mein direkter Ansprechpartner sein?«

+ »Mit wem werde ich zusammenarbeiten? Wie lange sind die
   Kollegen schon im Unternehmen?«

+ »Wie würden Sie den Führungsstil des direkten Vorgesetzten
   beschreiben?«

+ »Wann wird der erste Arbeitstag sein?«

+ »Können Sie mir einen typischen Arbeitstag beschreiben?«

+ »Haben Sie eine detaillierte Stellenbeschreibung, die ich lesen
   oder mitnehmen darf?«

+ »Besteht die Möglichkeit, sich den Arbeitsplatz jetzt einmal
   anzusehen?«

110. Fragen zu Entwicklungsmöglichkeiten

–   »Welche Fort- und Weiterbildungsangebote gibt es in Ihrem
    Unternehmen?«
    Anmerkung: Kritische Frage! Wie verfahren Sie weiter, wenn
    die Antwort »Nein« lautet?
+   »Weiterbildung ist ein wichtiges Thema und ich frage mich,
    wie Sie dazu stehen. Gibt es Programme oder Pläne von Ihrer
    Seite oder wünschen Sie sich, dass die Mitarbeiter selbst
    initiativ sind?«
–   »Welche Aufstiegsmöglichkeiten habe ich?«
    Anmerkung: Sie unternehmen gerade eine Gratwanderung.   Gratwanderung
    Auf der einen Seite sollen Sie darstellen, dass Sie sich für die
    ausgeschriebene Stelle interessieren und Sie der ideale Kandidat
    sind. Auf der anderen Seite sollen Sie zum Ausdruck bringen,
    dass Sie nicht stehen bleiben, sondern an sich arbeiten und sich
    weiterentwickeln wollen – ohne dass man Angst haben muss,
    dass Sie das Unternehmen alsbald wieder verlassen.
+   »Welche späteren Entwicklungsmöglichkeiten sehen Sie für
    mich in drei bis fünf Jahren bei positivem Verlauf?«

111. Fragen, die Sie nicht stellen sollten

Nicht nur Bewerber können bei bestimmten Fragen ins Schwitzen
kommen, auch Personaler hören nicht jede Frage gern und tun sich
mit deren Beantwortung schwer. Böse Zungen behaupten sogar,
der Bewerber sei im Vorstellungsgespräch Pinocchio und würde
mit jeder Antwort eine längere Nase bekommen und der Personaler sei Baron Münchhausen, der mit jeder Erzählung sein Unternehmen noch ein bisschen rosiger darstellen würde, als es tatsächlich ist. Zu den ungeliebten Fragen gehören beispielsweise:

–   »Wie ist die aktuelle Marktsituation des Unternehmens? Ich
    habe in der Presse einige negative Dinge gelesen, wie zum
    Beispiel …«
–   »Worauf beruht die erhebliche Mitarbeiter-Fluktuation?«

- »Haben die Gerüchte um den Verkauf des Unternehmens einen wahren Kern?«
- »Ihr Vorstandsvorsitzender hat kürzlich die weitere Entwicklung des Unternehmens in einer Pressemitteilung skizziert. Warum konnten die genannten Ziele noch nicht erreicht werden?«
- »Warum ist die ausgeschriebene Stelle schon längere Zeit nicht besetzt?«
- »Wie gestalten sich meine Entscheidungsfreiräume?«
- Alle Fragen rund um Urlaub, Freizeit etc.

Machen Sie sich Notizen

Scheuen Sie sich nicht, sich Notizen zu machen oder auch einen von Ihnen vorbereiteten Fragenkatalog offen vor sich hinzulegen. Sie signalisieren damit Interesse und eine gute Vorbereitung!

Fazit zu den 111 wichtigsten Fragen

Die wichtigste Frage, die Sie sich vor jeder Bewerbung und jedem Vorstellungsgespräch stellen sollten: Möchte ich diese Stelle haben? Wenn ja, vergessen Sie nie: Ein Vorstellungsgespräch ist ein Verkaufsgespräch und wir möchten Sie dabei unterstützen, sich fachlich und persönlich optimal zu präsentieren, um in die bestmögliche Verhandlungsposition zu gelangen und ein Vertragsangebot zu erhalten. Alle Fragen im Vorstellungsgespräch zielen darauf ab, Sie besser kennenzulernen und herauszufinden, ob und wie gut Sie auf die ausgeschriebene Stelle passen. Zwar sind 90 Prozent aller Frage vorhersehbar, das bedeutet aber nicht, dass es deshalb leicht wäre, diese zu beantworten. Es liegt in der Natur der Sache, dass Fragen im Vorstellungsgespräch knifflig sind.

Entwerfen Sie Ihre eigenen Antworten

Nachdem Sie nun 111 Fragen und Antworten durchgelesen und das Prinzip der erfolgversprechenden Antworten verinnerlicht haben, sollten Sie Ihre eigenen Antworten entwerfen und sich Gedanken darüber machen, wie Sie mit diesen Fragestellungen umgehen wollen. Lesen Sie sich Frage für Frage und Block für

Block durch und machen Sie sich entsprechende Notizen. Um die Kerngedanken einer guten Antwort nicht aus den Augen zu verlieren, haben wir hier noch einmal die wichtigsten Elemente festgehalten. Die folgenden Punkte werden im Vorstellungsgespräch abgefragt beziehungsweise wollen vom Personaler in Erfahrung gebracht werden. Also enttäuschen Sie ihn nicht und »grasen« Sie folgende Eckdaten ab:

❑ Motivation: Wer motiviert ist, nimmt Herausforderungen an und leistet überdurchschnittlich viel bei überdurchschnittlicher Qualität. Er kann sich selbst motivieren und muss nicht »zum Jagen getragen« werden.

❑ Antrieb: Können Sie auf ein bestimmtes Ziel hinarbeiten? Was treibt Sie dabei an? Sind Sie engagiert, couragiert und leistungswillig?

❑ Selbstbewusstsein: Sind Sie sich »Ihrer selbst bewusst«? Können Sie sich realistisch reflektieren? Haben Sie Selbstvertrauen?

❑ Persönlichkeit: Sind Sie selbstsicher, ohne arrogant oder selbstgefällig zu wirken? Sind Sie freundlich und kann man mit Ihnen auskommen? Sind Sie sich nicht zu schade? Sind Sie entschlossen? Haben Sie die Fähigkeit und die Bereitschaft, auch schwierige Dinge anzugehen und Probleme zu lösen?

❑ Empathie: Sind Sie in der Lage, sich zum Beispiel in Ihre Kunden oder in die Sichtweise des Unternehmens hineinzuversetzen, und können Sie unter Berücksichtigung dieser Sichtweise zufriedenstellende Lösungen entwickeln?

❑ Kommunikationsfähigkeit: Wie gut können Sie mit Vorgesetzten, Mitarbeitern, Kollegen und Kunden umgehen und kommunizieren? Sind Sie in der Lage, Beziehungen herzustellen und Kontakte zu pflegen?

❑ Echtes Interesse: Haben Sie echtes Interesse am Unternehmen oder ist es für Sie nur »eines von vielen«, bei denen Sie sich nach dem Gießkannenprinzip beworben haben? Warum interessieren Sie sich für diesen Job? Wie lange werden Sie bleiben wollen – sind Sie schon wieder »auf dem Sprung«?

❑ Verantwortung: Übernehmen Sie die Verantwortung für Ihr Handeln (für die Zukunft und in der Vergangenheit)?

❑ Zuverlässigkeit: Kann man davon ausgehen, dass eine Aufgabe so gut wie erledigt ist, wenn man sie Ihnen überträgt? Halten Sie Ihre Versprechen und Zusagen? Arbeiten Sie selbstständig?

❑ Teamfähigkeit: Teilen Sie Informationen mit anderen? Können Sie zuarbeiten oder wollen Sie den Hut aufhaben? Welche Rolle nehmen Sie in einem Team ein?

❑ Analytische Kompetenz: Können Sie Sachverhalte von allen Seiten betrachten, strukturieren, Ursachen und Folgen absehen und Lösungsmöglichkeiten entwickeln und abwägen?

❑ Effizienz: Können Sie zeit-, kosten- und ressourcensparend arbeiten? Schaffen Sie es, kostengünstige, aber qualitativ hochwertige Lösungen zu finden?

❑ Passgenauigkeit: Passen Sie zur Unternehmenskultur, zu den etablierten Abläufen und internen Regeln?

❑ Fachkenntnisse: Verfügen Sie über die passende Fachkompetenz, um die ausgeschriebene Stelle auszufüllen?

5 In Erinnerung bleiben: Wer schreibt, der bleibt

Nutzen Sie unbedingt jede Chance, sich von Ihren Mitbewerbern positiv abzuheben. Mit einem Dankschreiben nach dem Vorstellungsgespräch überraschen Sie den Gesprächspartner auf angenehme Art und Weise. Nach einem Vorstellungsgespräch hat nicht nur der Personalverantwortliche eine wichtige Entscheidung zu treffen. Auch Sie selbst überlegen sich noch einmal, ob das Unternehmen Sie wirklich interessiert und zu Ihnen passt. Wenn Sie weiterhin an der Arbeitsstelle interessiert sind, verfassen Sie ein Dankschreiben, das die wesentlichen Inhalte des Vorstellungsgesprächs und Ihre persönlichen Pluspunkte zusammenfasst.

Überraschen Sie mit einem Dankschreiben

❑ Betreff: Beschreiben Sie im Betreff Ihres Briefes konkret, um welches Gespräch es sich handelt und wann es statt gefunden hat. Zum Beispiel »Vorstellungsgespräch zur Mitarbeit im Bereich Kommunikation am 30. Januar 2010«. Diese Information hilft dem Personalverantwortlichen, sich schneller zu erinnern und gegebenenfalls in seinen Unterlagen nach den genannten Schlagworten zu recherchieren.

❑ Einstieg: Bedanken Sie sich zu Beginn Ihres Schreibens in einem Satz höflich für das Gespräch: »Ich danke Ihnen für das offene und aufschlussreiche Gespräch am 30. Januar 2010.«

❑ Hauptteil: Bekräftigen Sie nach dem Dank Ihr Interesse für die Arbeitsstelle: »Es ist nach wie vor mein Wunsch, in Ihrem Unternehmen zu arbeiten und durch meine Mitwirkung einen wesentlichen Beitrag zum Erfolg der internen und externen Kommunikation zu leisten.« So wird nochmals deutlich, welchen Nutzen Sie im Unternehmen stiften können.

❑ Nennen Sie Punkte aus dem Vorstellungsgespräch, die Ihnen angenehm aufgefallen sind. Sie können auch konkrete Verhaltensweisen in der Gesprächsführung oder im Führungsverhalten erwähnen: »Besonders gut gefallen haben mir Ihre Schilderung zur Umsetzung des Messeprojekts und Ihre geplante Vorgehensweise in Bezug auf die bevorstehende Teamentwicklung.«

❑ Sollten bestimmte in der Stellenausschreibung geforderte Kenntnisse im Gespräch nicht so richtig zum Zuge gekommen sein, so ist im Dankschreiben der richtige Zeitpunkt dafür. Stellen Sie Ihre herausragenden Fähigkeiten schlüssig dar. Bringen Sie Ihre wesentlichen Persönlichkeitsmerkmale auf den Punkt: »Sie gewinnen mit mir einen Mitarbeiter, der mit Einsatzbereitschaft und Engagement Projekte konzipiert und umsetzt. Teamfähigkeit und Flexibilität runden mein Profil ab.«

❑ Fällt Ihnen nach dem Vorstellungsgespräch ein sinnvoller Beitrag ein, mit dem Sie an das Gespräch anknüpfen können? Fügen Sie diesen als Vorschlag dem Dankschreiben bei: »In der Anlage sende ich Ihnen einen Vorschlag, wie der Aufbau der Mitarbeiterzeitung aus meiner Sicht gestaltet werden könnte.« Legen Sie dem Dankschreiben nur dann eine Idee bei, wenn Sie wirklich etwas Konstruktives zu bieten haben.

6 Fehler, die Personaler nicht verzeihen

Wir sind das, was wir immer wieder tun.
Vorzüglich zu sein ist keine Tat, sondern eine Gewohnheit.
Aristoteles

Auch wenn es das einstige Schreckgespenst des Stressinterviews eigentlich nicht mehr gibt und sich Personaler interessiert und als angenehme Gesprächspartner erweisen, sollten Sie ihnen das Leben nicht ungewollt schwer machen:

❏ **Standardantworten**
Wir werden nicht müde, es zu betonen. Lernen Sie keine Standardantworten auswendig. Wird die berühmte Frage nach »Schwächen« des Bewerbers gestellt, so lockt die Antwort »Ich bin ungeduldig« keinen Hund mehr hinter dem Ofen hervor. In vielen Ratgebern ist nach wie vor zu lesen, dass diese Antwort in besonderem Maße die Möglichkeit eröffnen würde, das (an sich negative) »Ungeduldigsein« in eine Stärke umzudeuten und dann zu betonen, dass man die Dinge gern schnell zum Abschluss bringt. Damit sei die Ungeduld letztlich ein Zeichen von (positiver) Zielstrebigkeit. Standardantworten geben dem Personalexperten nicht die Möglichkeit, Sie kennenzulernen. Kann er Sie als Person nicht einschätzen, wird er Sie auch nicht einstellen. Standardantworten helfen Ihnen nicht beim Gewinnen, sondern lassen Sie schnell zum Verlierer werden.

❏ **Nicht über das Unternehmen informiert sein**
Was würden Sie erwarten, wenn Sie auf der anderen Seite des Schreibtisches sitzen würden? Wäre es nicht auch in Ihren

Augen ein Unding, wenn der Bewerber nicht die Eckdaten Ihres Unternehmens kennen würde? Schließlich möchten Sie als Personaler am liebsten den Kandidaten einstellen, der in Ihrem Unternehmen seinen Wunscharbeitgeber und in der ausgeschriebenen Stelle seinen Traumjob sieht. Wenn er aber mehr schlecht als recht informiert ist, wird sich wohl eher der Eindruck aufdrängen, dass es sich bei dem Bewerber nicht gerade um einen leidenschaftlichen Interessenten handelt.

❑ **Keine Fragen stellen**
Wenn Sie keine oder nur wenige Fragen an den Personalexperten richten, dann präsentieren Sie sich nicht als gleichwertiger Gesprächspartner und zeigen außerdem mangelndes Interesse. Es ist unmöglich, dass in einem Job-Interview all Ihre Fragen beantwortet werden. Ein paar müssen schon noch übrig geblieben sein und nun gestellt werden. Mal abgesehen davon: Wenn Sie keine Fragen haben und Sie ein so genaues Bild vom Unternehmen und den Arbeitsanforderungen haben, hätte Ihre schriftliche Bewerbung eigentlich noch viel präziser sein müssen.

❑ **Wie aus der Pistole geschossen antworten**
Sie müssen nicht so rasant antworten, dass Sie dem Personaler beinahe ins Wort fallen, wenn Sie zur Antwort ansetzen. Wer regelmäßig wie aus der Pistole geschossen antwortet, der könnte in den Verdacht geraten, auswendig Gelerntes wiederzugeben. Beginnen Sie ab und zu mal mit einer kleinen Denkpause, indem Sie sich mit der Antwort Zeit lassen. Sagen Sie »Hm ..., das ist eine gute Frage« und setzen Sie dann erst zum großen Wurf an.

❑ **Schlechte Umgangsformen**
Pünktlichkeit, ein sympathisches Auftreten und ein gepflegtes Äußeres sind die optimalen Rahmenbedingungen für ein angenehmes Gespräch und außerdem Zeichen von Respekt vor Ihrem Gegenüber. Zu den Tabus gehören zum Beispiel auch das Auf-die-Uhr-Schauen während des Gesprächs oder Handygeklingel. Achten Sie außerdem auf Ihre Körperspra-

che: Halten Sie den Blickkontakt, sitzen Sie aufrecht und hören Sie ganz offensichtlich aktiv zu!

❏ **Zu viel und unstrukturiert reden**

Sie sollten schon in der Lage sein, Ihre Kernaussage auf den Punkt zu bringen. Nur wer geistige Klarheit besitzt, kann sich prägnant ausdrücken. Umgekehrt gilt: Wer durcheinanderredet, hat auch keine klare Struktur in seinen Gedanken und keine klare Vorstellung von dem, was er eigentlich gerade sagen möchte.

Bringen Sie's auf den Punkt

❏ **Unrealistische Gehaltsvorstellungen**

Kürzlich saßen wir einem arbeitsuchenden Bewerber im Alter von etwa 50 Jahren gegenüber. Auf die Frage nach seinen Gehaltsvorstellungen antwortete er mit einem kampfeslustigen Blick und wie aus der Pistole geschossen: »Ich möchte 120.000 Euro im Jahr verdienen.« Peng! Danach folgte nichts mehr, nur noch Stille. In jedem Vorstellungsgespräch hätte er sich mit dieser Knallantwort aus dem Rennen geworfen. Zum einen war seine Gehaltsvorstellung unrealistisch, zum anderen wurde sie von ihm undiplomatisch vorgetragen. Das Problem: Nennt man nur eine Summe ohne weitere Erklärung, schleicht sich schnell das Gefühl ein, man wäre auf einem Bazar. Was soll der Personaler jetzt sagen? Soll jetzt »verhandelt« werden? In vielen Fällen tut der Personaler das nicht, sondern nimmt die Summe zur Kenntnis und legt die Bewerbung ad acta. Die Lösung: Wiederholen Sie noch einmal die Anforderungen der ausgeschriebenen Stelle und arbeiten Sie Ihre passgenauen Stärken heraus, bevor Sie eine Summe nennen, die von den Anforderungen und Herausforderungen der Stelle gerechtfertigt wird.

❏ **Diskrepanzen zwischen Bewerbungsunterlagen und Aussagen im Vorstellungsgespräch**

Wenn Sie Ihre Bewerbungsunterlagen absenden, versichern Sie, dass alle darin enthaltenen Angaben der Wahrheit entsprechen. Ergeben sich im Gespräch Abweichungen zu Ihren Unterlagen oder entdeckt der Personaler eine Lücke im Lebenslauf, so wird daraus schnell ein K.o.-Kriterium.

7 Seitenwechsel: Vorstellungsgespräche aus Sicht der Unternehmen

Interview mit Dr. Joachim Deinlein von der Strategieberatung Booz & Company GmbH

Wer in der Consulting-Branche Fuß fassen möchte, muss sich im Bewerbungsprozess gegen die Besten der Besten durchsetzen. Bei der Strategieberatung Booz & Company GmbH treffen beispielsweise jedes Jahr etwa 6.000 Bewerbungen ein. Ins Vorstellungsgespräch eingeladen werden nur diejenigen, die neben Top-Noten auch über einen exzellenten Lebenslauf verfügen. Den Job bekommt, wer im Auswahlverfahren consulting-spezifische (u. a. strukturelle, analytische) und soziale Kompetenzen sowie kulturellen Fit mit dem Unternehmen beweist.

Dr. Joachim Deinlein, Mitglied der Geschäftsleitung und Principal bei Booz & Company GmbH, gibt sowohl Einblick in die Consulting-Karriere als auch Tipps fürs erfolgreiche Vorstellungsgespräch.

Dr. Joachim Deinlein hat Internationales Management an der Otto-Friedrich-Universität in Bamberg studiert. Seine Promotion absolvierte er an der European Business School zum Thema »elektronische Business-to-Business-Märkte«. Seit 1998 arbeitet Dr. Deinlein bei der Unternehmensberatung Booz & Company GmbH in München und ist Mitglied des dortigen Recruiting-Teams. **Der Interviewpartner**

Im Jahre 1914 erdachte der Gründer Edwin Booz das Konzept der Unternehmensberatung. Heute ist Booz & Company eine der **Das Unternehmen** weltweit führenden Strategieberatungen mit über 3.300 Mitarbeitern auf allen sechs Kontinenten.

Inwieweit ist Karriere planbar?

Dr. Joachim Deinlein: »Karriere ist heutzutage nicht mehr so gut planbar, Arbeitgeberwechsel sind gang und gäbe – und es gibt viele Einflussgrößen, die man im Vorfeld nicht absehen kann. Zum Beispiel die Frage, wie gut man mit den Kollegen und dem Vorgesetzten auskommt oder wie man sich in bestimmten Situationen bewährt. Sich Ziele im Hinblick auf bestimmte Karriere-Level zu setzen und sich zu überlegen, was man mindestens erreichen will, ist dagegen völlig normal. Am Ende gehört auch eine Portion Glück dazu und man muss zur richtigen Zeit am richtigen Ort sein. Das lässt sich nur schwer planen.«

Wie hat sich Ihr persönlicher Karriereweg entwickelt?

Dr. Joachim Deinlein: »Der Karriereweg in der Consulting-Branche ist durch das Up-or-Out-System gekennzeichnet: Wer die nächste Stufe nicht schafft, muss das Unternehmen verlassen. Mein persönlicher Karriereweg ist bisher glücklicherweise durch stetiges Weiterkommen in der Unternehmensberatung gekennzeichnet. Durch kontinuierliche Projektarbeit habe ich über die Zeit hinweg einen eindeutigen Fokus auf die Automobilindustrie und Vertriebs-/ Marketingthemen legen können.«

Was hat Ihnen bei Ihrer Karriere geholfen?

Dr. Joachim Deinlein: »Karriere macht man nicht allein. Unterstützende Mentoren und gute Teams sind nach meiner Erfahrung nach wichtige Voraussetzungen.«

Worauf legen Sie bei Bewerbern besonderen Wert und welches sind absolute Tabus?

Dr. Joachim Deinlein: »Ich erwarte, dass sich Bewerber gut präsentieren können und dementsprechend über ein gutes Auftreten verfügen, teamstark sind, gut kommunizieren sowie strukturieren können, analytische Fähigkeiten besitzen und Präsenz zeigen. Außerdem muss der kulturelle ›Fit‹ zu unserer Firma vorhanden sein. Ein klarer Pluspunkt ist, wenn der Bewerber über sogenannten ›Business-Sense‹ verfügt. Dieses Gespür ist meines Erachtens nicht erlernbar – entweder man hat es oder man hat es nicht. Um zu erfahren, ob der Bewerber diesen ›Business-Sense‹ hat, arbeite ich im Vorstellungsgespräch mit Fallstudien. Tabus sind für mich insbesondere ein arrogantes oder unpassendes Auftreten sowie mangelnde Vorbereitung.«

Führen Sie Gespräche in englischer Sprache?

Dr. Joachim Deinlein: »Eines unserer Vorstellungsgespräche findet in englischer Sprache statt. Englisch ist heutzutage ein Muss im Geschäftsleben. Es gibt zum Beispiel viele deutsche Konzerne, in denen Englisch die Geschäftssprache ist. Ich empfehle jedem Bewerber, sich vorher auf das Vorstellungsgespräch in Englisch vorzubereiten. Hilfreich ist es natürlich, wenn man im Ausland studiert oder zumindest Wirtschaftsenglisch als Kurs belegt hat.«

In welchem Verhältnis stehen als Entscheidungsgrundlagen »Bewerbung/Lebenslauf« und »Vorstellungsgespräch« zueinander? Was zählt »mehr«?

Dr. Joachim Deinlein: »Die Bewerbung und der Lebenslauf sind die Vorqualifikation und geben Auskunft über eine generelle Eignung. So achten wir beispielsweise auf gute Noten, Praktika, Internationalität und außerakademisches Engagement. Im Vorstellungsgespräch wird von Neuem angefangen. Hier muss sich der Kandidat dann erneut bewähren.«

Welche Frage kommt im Vorstellungsgespräch immer und welche Frage nie über Ihre Lippen?

Dr. Joachim Deinlein: »Ich frage eigentlich nicht direkt nach Stärken oder Schwächen, weil man darauf nur auswendig gelernte Standardantworten zu hören bekommt. Ich frage dagegen immer, warum der Bewerber in der Unternehmensberatung beziehungsweise bei uns arbeiten möchte, und erkundige mich nach seinen Hobbys. Gerade Hobbys sagen viel über eine Persönlichkeit aus und lassen einen Interviewer viel erfahren.«

Welche Fragen sollen Bewerber stellen, wenn sie am Zug sind? Oft hört man am Ende des Gesprächs ja vom Bewerber sinngemäß die Antwort: »Vielen Dank, ich habe keine Fragen, Sie haben mir bereits alles wunderbar erklärt. Auf Wiedersehen!«

Dr. Joachim Deinlein: »Der Bewerber kann mit den eigenen Fragen noch alles verspielen und tut das womöglich auch, wenn er keine Fragen oder lapidare Fragen stellt. Fragen signalisieren Interesse. Gut sind insbesondere Fragen, die zeigen, dass der Bewerber zum einen die Branche verstanden und sich zum anderen mit unserem Unternehmen dediziert beschäftigt hat. Standardfragen zeugen hier eher von geringerem Interesse.«

Wir nennen Ihnen vier Schlagwörter und Sie sagen uns, was Sie spontan damit verbinden.

- **Lücken im Lebenslauf:**
  Dr. Joachim Deinlein: »Lücken im Lebenslauf sind kritisch und müssen vom Bewerber sauber begründet werden.«
- **Nervosität:**
  Dr. Joachim Deinlein: »Unglücklich. Zeichen für Nervosität sind zum Beispiel feuchte Hände und unsichere Sprache. Wichtig ist es, einen Weg zu finden, Nervosität in positive Anspannung umzuwandeln.«
- **Soziale Kompetenzen:**
  Dr. Joachim Deinlein: »Extrem wichtig. Wir arbeiten mit Menschen – und zwar mit Klienten und mit Mitarbeitern. Zum einen ist ein guter Umgang mit Menschen unabdingbar, zum anderen versteht man die Klienten besser und kann sich besser in sie hineinversetzen, wenn man soziale Kompetenz besitzt.«
- **Quereinsteiger:**
  Dr. Joachim Deinlein: »Immer wieder willkommen, weil es den Beratermix auffrischt. Verdächtig ist, wenn jemand häufig den Job gewechselt hat. Die Frage, was den Break zum Quereinstieg verursacht hat, muss vom Bewerber nachvollziehbar erklärt werden können.«

Interview mit Elisabeth Perfahl-Leibfried und Nina Eberlein vom Modekonzern HUGO BOSS AG

Elisabeth Perfahl-Leibfried ist Diplom-Betriebswirtin mit Studien- **Die Interviewpartner**
schwerpunkt Handel und als Head of Human Resource bei der
börsennotierten HUGO BOSS AG tätig. Nach ihrem Studium
arbeitete sie in der Aus- und Weiterbildung des Handelsunterneh-
mens NANZ Gruppe. Anschließend übernahm sie die Personalbe-
treuung der deutschen Filialgeschäfte der Yves Rocher AG.

Nina Eberlein ist Diplom-Verwaltungsbetriebswirtin mit den Stu-
dienschwerpunkten Personalmanagement und Marketing. Sie star-
tete ihre Karriere als Referentin im Personalmarketing bei IKEA
Deutschland und übernahm anschließend die Position der stellver-
tretenden Personalleiterin in einer Niederlassung. Nach ihrem
Wechsel als Personal- und Organisationsleiterin bei der Kaufhof
Warenhaus AG ist sie heute Head of Strategic Training &
Development bei der HUGO BOSS AG.

Die HUGO BOSS AG ist seit Jahren einer der Weltmarktführer im **Das Unternehmen**
Segment des gehobenen Bekleidungsmarktes. Derzeit werden mit
mehr als 9.500 Mitarbeitern in über 100 Ländern 1,6 Milliarden
Euro Umsatz erzielt.

Inwieweit ist Karriere planbar? **Das Interview**
Elisabeth Perfahl-Leibfried und Nina Eberlein: »Das Erkennen der
Talente steht am Anfang und das beginnt mit der Identifikation der
Aufgaben und Tätigkeiten, die man gut kann, bei denen man Spaß
hat und die einem leicht von der Hand gehen. Schnell lassen sich
dann auch die Berufsfelder finden, auf die das persönliche Kompe-
tenzprofil passt. Dabei spielt zugegebenermaßen das Wesen der
Aufgabe (koordinatorisch, analytisch, kommunikativ etc.) eine
größere Rolle als die Detailprozesse in einem Berufsalltag. Deshalb
sind auch Berufsempfehlungen aus dem persönlichen Umfeld nur
als Tipp zu werten. Erfolg im Job und der damit verbundene
Karriereweg sind nur mit einem Beruf möglich, zu dem man sich

berufen fühlt – da helfen Veranstaltungen zur Berufs- und Studienorientierung sowie Praktika mehr, als den Eltern zuliebe einen Weg einzuschlagen. Um sich im Bewerbungsprozess hervorzuheben, spielen die Auswahl der Hochschule und der Studienschwerpunkte sowie die zielgerichteten Praktika eine entscheidende Rolle. Außerdem ist es wichtig, zu wissen, welche Qualifikationen der Arbeitsmarkt sucht. Im Zeitalter der Globalisierung ist Internationalität eine der wichtigsten Kompetenzen. Ein oder mehrere Auslandssemester absolviert zu haben und mindestens zwei Sprachen fließend zu sprechen ist heutzutage unabdingbar für eine Karriere in einem internationalen Konzern oder bei einem Global Player. Neben dem Quäntchen Glück gehört für den unplanbaren Teil der Karriere, zur richtigen Zeit am richtigen Ort zu sein, und ein Mentor, der einem den nächsten Schritt zutraut und dann promotet. Das ist oft der direkte Vorgesetzte oder auch eine Führungskraft aus der Schnittstelle, mit der im Rahmen von bereichsübergreifenden Projekten gearbeitet wurde. Diese Personen können Leistung, Persönlichkeit und Potenzial aus der Zusammenarbeit beurteilen und wissen auch, auf welchen Kompetenzfeldern noch entwickelt werden muss, um die neue Position ausfüllen zu können. Dann heißt es, sich immer wieder aufs Neue zu beweisen und Spitzenleistungen zu bringen.«

Wie hat sich Ihr persönlicher Karriereweg entwickelt?
Elisabeth Perfahl-Leibfried: »Folgende Eigenschaften haben aus meiner Sicht bei der Karriere geholfen: Neugier auf alles Neue, Leidenschaft bei der Arbeit, die Fähigkeit, hartnäckig Dinge umzusetzen, Flexibilität, Ausdauer, eine hohe Frustrationstoleranz sowie gute kommunikative Fähigkeiten. Letzteres ist wichtig – zum einen, um mit anderen Menschen Ideen entwickeln und diskutieren zu können, und zum anderen, um laufend Feedback zu bekommen. Des Weiteren war zu jedem Zeitpunkt ein großes Maß an Entwicklungsbereitschaft da, um noch nicht vorhandene Kompetenzen aufzubauen. Nicht immer übernahm ich Projekte, die meinen Stärken und Neigungen entsprachen, und manchmal waren auch die Schuhe noch zu groß. Doch meine Vorgesetzten

haben mich gestärkt, indem sie mir die Jobs zugetraut haben und uns vor dem ein oder anderen Stolperstein und Fallstrick gewarnt haben.«

Welche Eigenschaften ziehen sich durch Ihr Leben wie ein roter Faden? Was hat Ihnen bei Ihrer Karriere geholfen?

Nina Eberlein: »Zu den vorher genannten Eigenschaften kommt noch eine ordentliche Portion Pragmatismus hinzu. Unternehmen müssen heute immer schneller auf Veränderungen reagieren, dabei sind ein strategischer Erfolgsfaktor die Mitarbeiter, die anpacken, schnell entscheiden, auch wenn noch nicht alle Eventualitäten geklärt sind, und die auch damit klarkommen, dass Schnelligkeit vor Perfektion geht. Das war manchmal wie ein Sprung ins kalte Wasser, weil auch eigene Präferenzen nicht berücksichtigt wurden. Aber in diesen Erfahrungen steckte auch das größte Lern- und Wachstumspotenzial für weiterführende Aufgaben. Karriere heißt ja auch sehr häufig, größere Teams zu führen sowie eine Entwicklung hin zum Generalisten und Manager, der nicht immer alle Details kennt. Insbesondere auf dem Weg zur Führungskraft gehören neben der Persönlichkeit auch Standfestigkeit, mit Druck umgehen zu können und eine ordentliche Portion Optimismus, gerade in schwierigen Zeiten. Sich selber reflektieren zu können und ein gutes Eigenmarketing gehören auch zum Erfolgscocktail. Es ist wichtig, seinen eigenen USP zu kennen beziehungsweise zu wissen: Was kann ich besonders gut?« (Als »USP« – von engl. »unique selling proposition«, oft auch »unique selling point«, zu Deutsch: Alleinstellungsmerkmal, veritabler Kundenvorteil oder komparativer Konkurrenzvorteil – wird im Marketing und in der Verkaufspsychologie das Leistungsmerkmal bezeichnet, mit dem sich ein Angebot deutlich vom Wettbewerb abhebt.)

Worauf legen Sie bei Bewerbern besonderen Wert und welches sind absolute Tabus?

Elisabeth Perfahl-Leibfried: »Ein Tabu ist die schlechte Vorbereitung auf das Gespräch. Dazu zählt zu spätes Erscheinen, zu wenig Recherche über das Unternehmen sowie die fehlende Vorstellung über die Inhalte der zu besetzenden Position. Als Pluspunkt zählt, wenn der Bewerber im Vorstellungsgespräch authentisch ist und den Mut hat, sich selbst so zu zeigen, wie er als Person wirklich ist. Eine gute Vorbereitung gibt hierbei entsprechend Sicherheit und ist das A und O. Nach dem Gespräch muss der Bewerber entscheiden, ob das Unternehmen zu ihm passt – und umgekehrt. Besonders wichtig ist es daher, dass der Bewerber alle Punkte nachfragt, die für ihn selbst von Interesse sind. Es ist ein Riesenfehler, wenn er sich mit diesen Fragestellungen nicht ernsthaft auseinandersetzt. Nicht erfolgversprechend ist es außerdem, wenn der Bewerber überdimensioniert selbstbewusst ans Werk geht und den Eindruck vermittelt, dass er nur kurz auf dem Posten verweilen möchte, weil er gerade zum Sprung zur ganz großen Karriere ansetzt. Das liefert keine Qualität im Gespräch und zeigt, dass der Bewerber kein realistisches Bild von sich und der Situation hat.«

Ist Nervosität der »Normalzustand« eines Bewerbers und welche Rückschlüsse ziehen Sie daraus?

Nina Eberlein: »Das kommt darauf an, insbesondere bei sehr jungen und unerfahrenen Bewerbern ist Nervosität ganz normal. Bewerber, die schon ein paar Jahre Berufserfahrung und/oder mehrere Jobwechsel hinter sich haben, sollten dagegen weniger Nervosität spüren lassen. Idealerweise sind Bewerber nur zu Beginn des Gesprächs nervös, dann legt sich dies im Gesprächsverlauf. Nicht nur, weil wir eine angenehme Gesprächsatmosphäre schaffen, sondern weil der Bewerber auch schnell merkt, dass wir auf Offenheit und Ehrlichkeit mehr Wert legen als auf Show. Generell ist Nervosität ein Zeichen der Unsicherheit oder dass der Druck besonders groß ist. Das ist ganz menschlich und zeigt auch, dass das Gespräch dem Kandidaten wichtig ist.«

Ihr persönlicher Tipp, wie der Bewerber erfolgreich das Vorstellungsgespräch besteht?

Elisabeth Perfahl-Leibfried: »Man muss wissen, dass Unternehmen ein natürliches Interesse haben, den Bewerber als potenziellen Mitarbeiter zu erfassen. Daher ist es wichtig, sich gut vorzubereiten und sich authentisch zu präsentieren. Die Zeit ist einfach zu kurz, um sich gegenseitig etwas vorzumachen. Das gilt für beide

Seiten: Es gibt Unternehmen, die es versäumen, genau zu beschreiben, worum es eigentlich geht, und Kandidaten, die nicht preisgeben, wer sie eigentlich sind. Wenn diese Präsentation jedoch gelungen ist, dann wurde die Zeit gut genutzt und schränkt das Risiko einer falschen Entscheidung ein. Fragen wie ›Woher komme ich?‹, ›Warum habe ich welche Entscheidungen getroffen?‹, ›Welche meiner Fähigkeiten möchte ich in diesem speziellen Job nutzen?‹, ›Was suche ich? können auf den Punkt vorbereitet werden. Hier zählt die Tiefe der Antwort – eine ›Herausforderung‹ zu suchen ist zu wenig. Es ist wichtig, vorab zu wissen, welche Punkte unbedingt angesprochen werden sollen und welche Botschaft ankommen soll. Das kann man übrigens mit einem guten Freund oder in der Familie üben.«

Welche Frage kommt im Vorstellungsgespräch immer und welche Frage nie über Ihre Lippen?

Nina Eberlein: »Wir fragen nie nach Stärken und Schwächen, weil inzwischen fast jeder Kandidat eine nichtssagende 08/15-Antwort liefert. Für ›Ich bin perfektionistisch und ungeduldig‹ ist die Zeit zu schade. Was wir dagegen immer tun, ist, intensiv zu hinterfragen. Wieso, weshalb, warum … sind da die richtigen Starter. Wir lassen Bewerber auch gern erlebte Situationen beschreiben. Wir fragen ihn dann nach Momenten, in denen er besonders erfolgreich, glücklich, schlecht oder sogar unzureichend vorbereitet war. Es ist sehr schnell zu erkennen, wie tief der Kandidat das Thema durchlebt hat. Natürlich sagt es auch etwas über den Menschen aus, ob er an dieser Stelle ein Thema aus dem persönlichen oder beruflichen Umfeld wählt. Tendenziell können Situationen, die erlebt wurden, besser auf den Punkt gebracht werden.«

Welche Fragen sollen Bewerber stellen, wenn sie am Zug sind?

Elisabeth Perfahl-Leibfried: »Schon bei der Vorbereitung auf das Gespräch kann sich der Bewerber die Fragen überlegen, die er beantwortet haben möchte, und sich dafür zum Beispiel auch mit Freunden austauschen. Grundsätzlich sind alle Fragen gut, die für die Entscheidungsfindung des Bewerbers wichtig sind. So helfen Fragen hinsichtlich Team, Arbeitsplatz, Tagesablauf, Strukturen,

Umfeld, Führungsstil, Schnittstellen und Erwartungen, die an den Stelleninhaber gestellt werden, die Realität der Position und die gelebte Unternehmenskultur zu erfassen. Toll ist auch die Frage: ›Wie sieht Ihr idealer Kandidat aus?‹ Da kann nochmals detailliert auf Aufgaben- und Bewerberprofil eingegangen werden mit der Aufforderung an den Bewerber, jeden Punkt nochmals ehrlich zu reflektieren.«

Wir nennen Ihnen vier Begriffe und Sie sagen uns, was Sie spontan damit verbinden:

❑ **Erster Eindruck:**
Nina Eberlein: »Meistens stimmt er. Nur manchmal ändert sich die Meinung im Laufe des Gesprächs noch. Wichtig ist aber, dies auch zuzulassen.«

❑ **Stressinterview:**
Elisabeth Perfahl-Leibfried: »Für uns nicht der bevorzugte Weg, um an des Bewerbers Kern zu gelangen. Wir kriegen das auch anders hin. Übrigens, jeder gute Interviewer kann Stress auch ohne klassisches Stressinterview erzeugen.«

❑ **Quereinsteiger:**
Nina Eberlein: »Quereinsteiger sind sehr wichtig, um neue Sichtweisen einzubringen. Eine Entwicklung muss nicht schnurgerade sein. Quereinsteiger sind manchmal auch Querdenker, die dadurch wertvolle Aspekte in Teams einbringen. Meist sind das Kandidaten, die viel erlebt haben, die links und rechts geschaut haben – da sollte sich ein Unternehmen nicht vor verschließen.«

❑ **Frauen in Führungspositionen:**
Elisabeth Perfahl-Leibfried: »Bei HUGO BOSS sind viele Frauen in Führungspositionen – für uns eine Selbstverständlichkeit.«

Literaturverzeichnis

Cialdini, Robert B.: *Die Psychologie des Überzeugens*. Verlag Hans Huber 2002

Coelius, Claus: *Fit fürs Bewerbungsgespräch*. CCV 2005

Enkelmann, Nikolaus B.: *Die Sprache des Erfolgs*. Gabler 2001

Gabrisch, Jochen: *Die Besten entdecken – Über 800 Fragen für erfolgreiche Auswahlgespräche mit Fach- und Führungskräften*. Personalwirtschaft 2007

Ibelgaufts, Renate: *So finden Sie die richtigen Mitarbeiter*. Campus 2003

Krannich, Ron und Carol: *Nail the job interview! 101 Dynamite Answers to Interview Questions*. Impact 2003

Lorber, Robert/Ukleja, Mick: *Wer bist Du und was willst Du?* books4success 2009

Schuler, Heinz: *Das Einstellungsinterview*. Hogrefe 2002

Winkler, Gerhard: *Anders antworten: 100 x schlagfertig im Job-Interview*. smart books 2004

Wirth, Bernhard P.: *Alles über Menschenkenntnis, Charakterkunde und Körpersprache*. mvg 2000

Yate, Martin John: *Das erfolgreiche Bewerbungsgespräch – Die härtesten Fragen, die besten Antworten*. Campus 2001

Stichwortverzeichnis

A

Anforderungsebene 20
Anreise 50
Anweisungen 71
Arbeitsatmosphäre, gute 66
Arbeitsplatz, idealer 119
Ausbildung 88
Ausdrucksebene 20

B

Bewertungsebene 21
Betriebsrat 130f.
Blickkontakt 31

D

Distanzzonen 33
Dresscode 25, 27

E

Eigenschaften, persönliche 59
Einarbeitungszeit 119
Eindruck, erster 23 f.
Einzelkämpfer 66
Engagement, soziales 85
Erfahrungshintergrund 117
Erfolg 14
  –, beruflicher 91
  –, größter 63

F

Familiengründung 131
Fragen
  –, geschlossene 136
  –, grundsätzliche 16
  –, offene 137
Freizeit 83
Frustrationstoleranz 78

G

Gehaltsvorstellung 128
Gesprächsklima, positives 39
Gestik 30
Glaubenssätze 53
Globalebene 21
Großunternehmen 113
Gunst des kantigen Kinns 26

H

Hände 34
Händedruck 31
Hierarchien, flache 113
Hobbys 83

J

Jobsuche 111

K

Karriereschritte 94
Kernaussagen 12
Kleinunternehmen 113
Kollegen 107
Konfession 132
Körperhaltung
  –, geschlossene 30
  –, schützende 30
Kritik 55
Kündigung 110

L
Lächeln 31
Lebenslauf 92
Lebenspartner 88
Lebensplan, alternativer 127
Lebenssituation, aktuelle 86
Leistungskurve 72
Loyalität 111

M
Männlichkeit ist Trumpf 25
Misserfolg, größter 64
Mitarbeitereinschätzung 106
Mitgliedschaft im Betriebsrat 126

N
Niederlagen 65

O
Ortswechsel 102

P
Parteizugehörigkeit 130, 132
Privatsphäre 132
Problem, schwieriges 64

R
Risiken 58

S
Schwächen, relative 45
Schwangerschaft 132
Selbstanalyse 42
Selbstgespräch, negatives 17
Selbstmotivation 77
Signale, nonverbale 24
Sitzhaltung 32
Sprache, bildhafte 53
Standardantworten 11, 15

Stärke, größte 61
Stärken, wesentliche 62
Stress 71
Studium 88

T
Tagesplan 74
Team 66ff.
Termindruck 58
Traum 127

U
Überqualifizierung 108
Überstunden 80
Urlaub 84

V
Vergütungen, frühere 131
Verhaltensebene 20
Vorbilder 82
Vorstrafen 132

W
Warm-up-Gespräch 36
Weiterentwicklung, berufliche 94
Werte 53
Wetter 52
Wochenplan 75
Worthülsen 54
Wunschkandidat-Profil 45

Z
Ziele, berufliche 105, 126
Zusammenarbeit 68

Über die Autoren

 Carolin Lüdemann ist Juristin und ausgebildeter Business-Coach. Als Karriereexpertin ist sie in Funk und Fernsehen präsent und schreibt Fachbeiträge für verschiedene Zeitungen. An ihren Trainings und Vorträgen nehmen Nachwuchsführungskräfte und Manager aus Industrie, Beratung und Verbänden teil.

Heiko Lüdemann ist seit mehr als 10 Jahren im Bereich Training tätig und hat sich auf die Themen Selbstmanagement, Führung und Verkauf spezialisiert. Er gründete 1995 das Karrierenetzwerk CoachAcademy. Hier werden jährlich mehr als 2.000 Frauen und Männer in ihrer persönlichen und beruflichen Entwicklung beraten, trainiert und gecoacht.

Weitere Informationen finden Sie im Internet unter:
www.coachacademy.de

Durchstarten nach dem Studium

Wie beginnt man direkt nach dem Studium eine Karriere – ohne lange Zeit in schlecht bezahlten Praktika zu vergeuden? Individuelle Karriere- und Bewerbungsstrategien machen ein erfolgreiches Durchstarten möglich. Die Grundsteine können zielgerichtet bereits während des Studiums gelegt werden. Die Experten Carolin und Heiko Lüdemann helfen dabei, die für den Einzelnen passende Karrierestrategie zu entwickeln.

Starten Sie direkt ins Berufsleben, anstatt lange Praktikumsrunden zu drehen.

152 Seiten
€ 17,90 (D) | € 18,40 (A) | sFr. 32,00
ISBN 978-3-636-01602-7

Sicher durch das Assessment-Center

Spielend leicht die letzte Hürde auf dem Weg zum neuen Job nehmen und Spitzenkandidat im Assessment-Center werden, darauf bereiten die beiden Karrierecoachs Carolin und Heiko Lüdemann gezielt vor: Rollenspiele, Stressinterviews, psychologische Testverfahren alle typischen Instrumente der Personalauswahl werden vorgestellt.

Dieser Ratgeber nimmt dem Assessment-Center seinen Schrecken. Keine Angst vor dem großen Test: Techniken aus der Test-Praxis und Insider-Tipps qualifizieren perfekt für jede weitere Runde im Auswahlverfahren.

168 Seiten
€ 17,90 (D) | € 18,40 (A) | sFr. 32,00
ISBN 978-3-636-01579-2

www.redline-verlag.de

Selbstsicher überzeugen

Selbstsicher und gelassen ins Vorstellungsgespräch gehen? Leichter gesagt als getan, denn die Angst vor kniffligen Fragen ist groß. Dieser praxisnahe Ratgeber macht Bewerber fit fürs Rededuell mit dem Personaler und zeigt, wie man auch bei Fangfragen nicht ins Schwitzen kommt. Manchmal muss man nur etwas Zeit gewinnen für den rettenden Einfall und kann dann mit der richtigen Antwort punkten.

Die Experten von der CoachAcademy demonstrieren, wie man den Personaler mit einer bildhaften Sprache von seinen Fähigkeiten überzeugt und das Vorstellungsgespräch aktiv gestaltet. Zahlreiche Personalchefs verraten in Interviews Tipps und Tricks und erklären, worauf Bewerber im Ernstfall achten sollten.

168 Seiten
€ 17,90 (D) | € 18,40 (A) | sFr. 32,00
ISBN 978-3-636-01578-5

www.redline-verlag.de

Erfahrung ist Trumpf

Der demographische Wandel ist nicht zu stoppen, die Lebensarbeitszeit bis 67 beschlossene Sache und ein Viertel der rund vier Millionen Arbeitslosen älter als 50 Jahre. Das sind die Fakten, die Arbeitgeber und Arbeitnehmer gleichermaßen zum Umdenken zwingen. Die positive Nachricht: Immer mehr Unternehmen wissen langjährige Berufserfahrungen und soziale Kompetenzen älterer Arbeitnehmer zu schätzen.

Und genau hier liegen die Chancen dieser Generation. Ob bei der Bewerbung auf eine neue Stelle oder beim Aufstieg im Unternehmen: Damit die Best Ager bis zur Rente voll im Rennen bleiben, verraten Carolin und Heiko Lüdemann, wie sie sich in Führung bringen. Das klappt mit Selbstmotivation und -präsentation, viel Elan und neuen Plänen.

208 Seiten
€ 17,90 (D) | € 18,40 (A) | sFr. 32,00
ISBN 978-3-636-01464-1

www.redline-verlag.de

REDLINE | VERLAG